U0638068

水利工程质量控制与安全管理研究

王 瑶 著

群言出版社
QUNYAN PRESS
·北京·

图书在版编目（ＣＩＰ）数据

水利工程质量控制与安全管理研究 ／ 王瑶著．
北京 ： 群言出版社，2024. 7. -- ISBN 978-7-5193
-0991-6

Ⅰ．TV52

中国国家版本馆 CIP 数据核字第 2024M0V207 号

责任编辑：孙华硕
封面设计：知更壹点

出版发行：群言出版社
地　　址：北京市东城区东厂胡同北巷1号（100006）
网　　址：www.qypublish.com（官网书城）
电子信箱：qunyancbs@126.com
联系电话：010-65267783　65263836
法律顾问：北京法政安邦律师事务所
经　　销：全国新华书店

印　　刷：河北赛文印刷有限公司
版　　次：2025年1月第1版
印　　次：2025年1月第1次印刷
开　　本：710mm×1000mm　1/16
印　　张：6.5
字　　数：130千字
书　　号：ISBN 978-7-5193-0991-6
定　　价：60.00元

【版权所有，侵权必究】

如有印装质量问题，请与本社发行部联系调换，电话：010-65263836

作者简介

　　王瑶，山东省德州市齐河县人，毕业于河海大学水力学及河流动力学专业，现任职于雄安新区建设工程质量安全检测服务中心，中级职称。主要研究方向为水利工程建设质量与安全监督。

前　言

　　水利工程是一项具有重要社会意义和经济价值的基础设施建设工程，对于保障人民群众的生活用水、农田灌溉、工业用水，以及改善生态环境具有不可替代的作用。然而，水利工程建设过程中存在着复杂多样的工程技术问题和安全风险，如工程质量不达标、出现施工安全事故等，因此水利工程质量控制与安全管理至关重要。水利工程质量控制是指在水利工程的规划、设计、施工和运行维护等环节中，通过一系列科学、系统的控制措施，保证工程质量符合设计要求和规范标准的过程。水利工程质量控制涉及材料选择、施工工艺控制、质量检测等多个方面，需要综合运用工程管理和技术手段，确保工程的安全性、可靠性和持久性。与此同时，水利工程建设的安全管理也是一项重要的工作内容。水利工程建设中存在着各种风险因素，如高空作业、水下作业、爆破施工等，如果管理不当，就可能导致财产损失、人员伤亡和环境破坏等严重后果。因此，水利工程安全管理需要从预防、监测、控制和应急处置等方面进行全面考虑，确保施工过程的安全性和稳定性。

　　全书共六章。第一章为绪论，主要介绍了水利工程概述、水利工程项目的划分、水利工程质量的影响因素、水利工程质量控制与安全管理的意义等内容；第二章为水利工程质量控制概述，主要阐述了水利工程质量的特点、水利工程质量管理与控制的基础理论、水利工程质量监督与安全监督工作等内容；第三章为水利工程施工阶段质量控制，主要阐述了混凝土工程施工质量控制、钢筋工程施工质量控制、模板工程施工质量控制、渠道工程施工质量控制、地基处理工程施工质量控制等内容；第四章为水利工程质量评定、验收与检测，主要阐述了水利工程质量的评定、水利工程质量的验收、水利工程质量的检测等内容；第五章为水利工程质量问题与事故处理，主要阐述了水利工程质量事故及其分类、水利工程质量事故原因分析、水利工程质量事故处理程序与方法等内容；第六章为水利工程建设项目的安全管理，主要阐述了水利工程施工不安全因素分析、水利工程建

1

设项目安全目标管理、水利工程现场安全文明施工管理、水利工程安全生产标准化与信息化建设等内容。

作者在撰写本书的过程中参考了大量水利工程质量控制与安全方面的图书及论文资料，也引用了许多专家和学者的研究成果，在此一并表示衷心的感谢。

由于作者水平有限，书中难免存在不当之处，恳请广大读者多提宝贵意见，以便本书日后的修改与完善。

目 录

第一章　绪　论

　　水利工程历来都是治国安邦的大事，其质量与安全更是重中之重。自中华人民共和国成立以来，我国在水利建设方面取得了巨大的成就，建成了许多重要的水利基础设施，并初步形成了防洪、灌溉、排涝、发电、供水等工程体系。这些水利工程在预防水旱灾害和保障国民经济持续发展、改善生态环境、保护人民生命财产安全和维护社会稳定等方面发挥着重要的作用。本章围绕水利工程概述、水利工程项目的划分、水利工程质量的影响因素，以及水利工程质量控制与安全管理的意义四个方面展开论述。

第一节　水利工程概述

一、水利工程的概念

　　《辞海》中对水利工程的解释为"为除害兴利，开发水利资源的各项工程的总称"。《水利工程概论》一书中对水利工程的解释为"为控制和调配自然界的地表水和地下水，达到除害兴利目的而修建的工程"。在其他相关词典和水利工程专业书籍中，其定义也基本相似。综合以上解释，可以得出结论：除害兴利是水利工程的核心目标，水利工程是实现水资源综合利用和水灾害防治的重要途径之一。随着水利事业的发展和研究广度的拓宽，更多学者认为广义的水利工程范畴应予以拓展，甚至只要是与水有关的工程都是水利工程。但是，大多数定义的立足点并不具有广义性，只选取水利工程的狭义范畴，强调具有重要的实现水资源综合利用及水安全治理的除害兴利目的，于社会安全与发展具有重要意义的水利工程，并且着眼于承担水利功能的水工建筑物。本书立足于狭义范畴的水利工程展开后文的研究。

二、水利工程的特点

（一）极强的系统性和综合性

在同一地区、同一流域内的各种水利工程项目的总称是水利工程。这些工程之间相互依存、相互影响，每个工程本身也是具有综合性的，各项服务目标之间存在着既紧密联系又相互矛盾的情况。水利工程与国民经济的其他领域也有着密切的关联。因此，在设计和规划水利工程时，需要以整体为基础，进行综合系统的分析研究，以获得具备经济性与合理性的优化方案。

（二）对生态环境有很大影响

水利工程不仅会对所在地区的经济和社会产生一定影响，还会对涉及地区的自然景观和生态环境产生深远的影响，甚至会对气候产生一定的影响。

首先，水利工程有利于改善当地水文生态环境，如修建水库可以增加水面面积和蒸发量，缓解温度和湿度的剧烈变化，对于干旱和严寒地区效果显著。此外，水利工程还有助于调节局部小气候，影响降雨、气温和风等因素，还能通过对水温、水质及泥沙条件的影响，达到补给地下水、提高地下水位进而影响土地利用率的目的。

其次，水利工程可能会造成负面影响。例如，在兴建水库后，直接影响了水循环和径流，有些地区可能会出现滞流缓流现象，形成岸边污染带；周围的生物链和物种可能会发生变异，影响生态系统的稳定性。

诚然，任何事情都有利有弊，关键在于如何最大限度地削弱负面影响。因此，在进行水利工程规划和设计时，应该充分考虑环境影响，采取相应的措施以尽量减少负面影响。随着技术的进步和环境保护意识的增强，水利工程应更多地为保护和改善环境服务，以实现经济发展与生态保护的良性互动。

（三）工程工期长，工作条件复杂

水利工程一般工期长，工作条件复杂。传统水利工程建设时间长，准备工作烦琐，物力和人力消耗大，其主要原因如下。

首先，水利工程的建设一般在自然条件复杂的环境下进行施工和运行，这就需要对气象、水文、地质等条件进行详细调查和研究，以确保工程的安全性和可靠性。这一过程需要耗费大量的时间和精力。

其次，水利工程中的各种水工建筑物需要承受水的推力、浮力、渗透力、冲刷力等多种力的作用，这就需要进行科学的设计和结构计算。由于水力学和土力学等学科的复杂性及工作环境的不确定性，确保水利工程的安全性和稳定性需要大量的试验和实践，这也加大了工程的施工难度和时间成本。

最后，由于水利工程规模庞大，施工过程中可能面临各种困难和挑战，如复杂的地质条件、水体的波浪和洪水等不确定因素。为了确保工程的质量和安全，施工必须非常谨慎，并且可能需要进行多次调整和修正。

因此，水利工程本身的复杂性和特殊性，导致了传统水利工程的建设时间长、准备工作烦琐、物力和人力消耗大。然而，随着技术的进步和工程管理水平的提高，未来水利工程的建设时间和成本有望得到进一步缩短和优化。

（四）效益具有随机性

随着每年水文状况的变动及其他外部条件的改变，水利工程整体的经济效益也会随之产生变化。农田水利工程还与气象条件的变化有密切联系。

三、水利工程的分类

根据目的或服务对象的不同，水利工程可以被分为：防止洪水灾害的防洪工程；防止旱灾、涝灾、渍灾，为农业生产服务的农田水利工程（或称灌溉和排水工程）；将水能转化为电能的水力发电工程；改善和创建航运条件的航道和港口工程；为工业和生活用水服务，并处理和排除污水和雨水的城镇供水和排水工程；防止水土流失和水质污染，维护生态平衡的水土保持工程和环境水利工程；保护和增进渔业生产的渔业水利工程；围海造田，满足工农业生产或交通运输需要的海涂围垦工程等。

一项同时为防洪、灌溉、发电、航运等多种目标服务的水利工程，称为综合利用水利工程。

第二节　水利工程项目的划分

水利工程项目的划分遵循从高到低、从大到小的顺序，以利于对施工质量进行有序评估。根据设计功能、总体布置和施工布置等因素，将具有独立发挥作用或独立施工条件的建筑物划为一个单位工程。每个单位工程根据组合发挥功能的建筑安装工程划分为若干个分部工程。每个分部工程由多个工种、工序完成的单元工程组成。

一、单位工程

单位工程是指具备独立施工条件并能形成独立使用功能的建筑物或构筑物。它既可以独立存在，也可以是其他独立工程的一部分。单位工程是根据设计和施工的布局来进行划分的，主要遵循以下几个原则。

①大多数建筑项目可以作为一个独立的工程，也可以作为其他工程的组成部分。一般可以根据施工标段、工程设计结构及签订的合同标段进行划分。

②通常情况下，枢纽工程中一个独立的建筑物被视为一个单位工程。然而，当工程规模较大时，也可以将具备独立施工条件的建筑物项目的一部分划分为一个单位工程。

③大型输水工程长度宜控制在 10～20km；中型工程宜控制在 5～10km；小型工程应以一个项目为一个单位工程；大型、中型建筑物应以每一座独立的建筑物为一个单位工程。

④由于输水工程建设战线长、工程形式多样，工程项目可能贯穿不同的行政管理区域。在规划工程项目时，要考虑到地方行政区域的组织建设实际情况，一个工程项目可以由多个法人负责组织建设。在这种情况下，每个项目法人所负责的工程可以单独划分为一个单位工程。另外，如果一个项目法人所负责的组织建设规模较大，可以根据其规模按渠段划分多个单位工程。

二、分部工程

分部工程是由多个建筑安装工程组成的集合，这些工程能够相互配合，发挥特定功能。一般来说，分部工程是单位工程的组成部分。主要分部工程是指对单位工程的安全、效益或功能具有重大影响和决定性作用的工程。分部工程的划分主要遵循以下原则。

①枢纽工程根据功能可划分为金属结构安装工程、启闭机安装工程和机电设备安装工程；土建部分按设计中的主要组成部分划分。

②输水工程的分部工程应按照设计中的主要功能组成部分进行划分，其中金属结构安装工程、启闭机安装工程和机电设备安装工程则按照组合功能进行划分。

③渠道工程的分部工程可按照企业施工部署顺序或长度进行划分，同时应使其长度符合单位工程长度的整数倍，并将同一单位工程的分部工程长度保持一致。

④大、中型工程按建筑物或构筑物工程部位划分。

⑤在同一项工程中，同类型的分部工程（如多个混凝土分部）的工程量不应具有过大的差异，一般不应超过 50%；不同类型的工程（如混凝土分部、砌石分部、启闭机安装分部和闸门等）的各分部工程的投资不能相差过大，一般不应超过 100%。

⑥为了确保单位工程的质量评估更加公正，同一单位工程中的各分部工程的工程量（或投资）应避免具有过大的差异。此外，每个单位工程中的分部工程数量应不少于 5 个。

三、单元工程

单元工程可以视为分部工程中由不同工种共同构建的最小综合体，是日常质量评估的基本单元。在单元工程的划分中，需要注意以下几个方面。第一，单元工程的工程量不宜相差太大。为了能够有效地对单元工程进行质量考核，同一类型的单元工程的工程量应尽量控制在一定的范围内，差异最好不要超过 50%。第二，单元工程数量不宜过少。为了能够有效地进行分部工程的质量评定工作，同一个分部工程中的单元工程数量一般不应少于 3 个。过少的单元工程数量会影响质量评定的准确性和全面性。对于有工序的单元工程，应先评定各个工序的质量等级，然后综合评定单元工程的质量，这样可以更加准确地判断和评定单元工程的质量水平。第三，对于不同类型的工程，可以采用各自的划分办法。根据工程的特点和施工的需要，可以确定适合该类型工程的单元工程划分方式，以便更好地进行质量检验和评定，并获得较完整的技术数据。总之，单元工程的划分应以质量考核和评定为导向，注意控制工程量差异、合理安排单元工程数量，特别是对有工序的单元工程要先评定各个工序的质量等级。针对不同类型的工程，划分单元工程的方法应根据其特点和需求进行合理选择，具体遵循以下原则。

①岩石边坡开挖工程。按照设计或施工检查验收的段、区划分，每一个段、区为一个单元工程。

②岩石地基开挖工程。按建筑物结构分块、分段划分，或者按基础混凝土浇筑仓块划分，每一块（段）为一个单元工程。

③岩石洞室开挖工程。按混凝土衬砌部位和锚喷支护部位划分，确定块、段和一次锚喷区作为单元工程的划分依据。对于不需要衬砌的部位，可以按施工检查验收的区、段进行划分。

④软基和岸坡开挖工程。按照施工检查验收的段、区划分，每一段、区为一个单元工程。

⑤混凝土工程。根据混凝土浇筑的仓号进行划分，每个仓号作为一个单元工程。对于排架、柱、梁等，可以按照一次检查范围划分，将若干柱梁作为一个单元工程。

⑥钢筋混凝土预制构件安装工程。按照施工检查质量评定的根、套、组进行划分，每组根套为一个独立单元工程。

⑦混凝土坝接缝和回填水泥灌浆工程。根据设计或施工确定的灌浆区域或段进行划分，每个灌浆区域或段作为一个单元工程。

⑧岩石地基水泥灌浆工程。帷幕灌浆按照相邻的 10～20 孔位进行划分，每个划分的灌浆区域作为一个单元工程；固结灌浆根据混凝土浇筑块或段划分，每个块或段的固结灌浆划分为一个单元工程。

⑨基础排水工程。根据施工质量评定要求划分的基础排水区域确定，每个区域作为一个单元工程。

⑩锚喷支护工程。根据一次锚喷支护施工区域或者段落划分，每个区域或者段落划分为一个单元工程。

⑪振冲地基加固工程。根据独立建筑物地基或同一建筑物地基范围内不同振冲要求的区域进行划分，每个独立建筑物地基或不同要求的振冲工程作为一个单元工程。

⑫混凝土防渗墙工程。每一槽孔段作为一个单元工程。

⑬造孔灌注桩基础工程。根据柱（墩）基础划分，每一个柱（墩）下的灌注桩基础为一个单元工程。

⑭河道疏浚工程。根据设计或施工控制质量要求的段进行划分，每个疏浚河段为一个单元工程。

⑮砌筑工程。按施工质量控制考核要求的砌筑层划分，每一个砌筑层为一个单元工程。

⑯管道工程。管道安装按施工质量控制考核要求的管节（或若干个管节）划分，每个管节作为一个单元工程。

⑰堤防工程。根据不同原则将堤防工程划分为不同的单元工程，如土方填筑可以按照层次或段落来划分，吹填工程可以按照围堰仓或段落来划分，防护工程可以根据施工段来划分。单元工程的划分边界通常设置在变形缝或结构缝处，长度一般不超过 100cm。

⑱渠道工程。渠道开挖、填筑和衬砌的单元工程划分边界应该设置在结构缝处，长度一般不超过 100m。小型建筑物可以根据其组成结构、材料等因素划分

为若干同类型的单元工程。同一分部工程中，各单元工程的工程量（或投资）不应相差太大。在实际工程建设中，对于分层碾压的渠堤（或防洪堤身）填筑工程，通常将每个施工段的碾压层视为一个独立的单元工程，以便更方便地进行质量管理和考核。对于渠堤断面较小的填筑工程，一般规定将其划分为长度在 200～500m、工程量在 1000～2000m 的单元工程。

⑲ 道路工程。按施工质量控制考核要求的施工段长划分，每一段长为一个单元工程。道路铺设等长度一般不大于 200m；路基开挖、护坡与截水沟、路缘石埋设长度一般不大于 1000m。

⑳ 桥梁工程。对不同的工程部位按不同的原则划分单元工程。主要按检查验收区、段、块（仓）划分，每一区、段、块（仓）为一个单元工程。

㉑ 环保工程。按施工质量控制考核检查验收的区、段划分，每一区、段为一个单元工程。

第三节　水利工程质量的影响因素

一、宏观方面

工程建设项目的整个过程包括选择、评估、设想、设计、决策、施工、竣工验收、投入使用等阶段，各个阶段都是有序发展的。这个有序的过程反映了工程项目建设的一般规律，被总结为建设程序。建设程序是工程项目建设的法则，是在人们对客观规律的认识基础上制定出来的，是科学决策和顺利实施工程项目的重要保证。它科学地总结了工程项目建设的实践经验，正确地反映了人们对建筑物使用功能要求不断提高的发展过程。在这个漫长的发展过程中，人们认识到工程建设是一项浩繁的工作，规模大、内容多、协作性强、涉及面广，必须按计划、有顺序、按步骤、有组织地进行才可以获得成功。因此，建设程序成了建设工作必须遵循的规则，并以国家法规的形式予以确立。

建设程序是指一个项目从构想提出到最终投入使用的完整过程，是各个阶段建设活动顺序和相互关系的规则。这种规则是基于对包括自然规律和经济规律在内的各种规律的认知而制定的，对于项目的科学决策和顺利进展而言至关重要。建设程序包括了项目发展的各个阶段和各个环节，这些阶段和环节按照内在联系和发展的先后顺序进行，不能随意颠倒。

质量监督人员应熟悉建设程序，督促建设各方按建设程序办事。水利工程建设程序一般包括项目建议书阶段、可行性研究报告阶段、施工准备阶段、初步设计阶段、建设实施阶段、生产准备阶段、竣工验收阶段、后评价阶段等。由于建设程序的各个阶段都对工程质量产生影响和作用，要实现建设项目的质量控制，就必须严格按建设程序对每个阶段的质量目标进行控制，这是保证整个工程项目质量的必要条件。

影响工程质量的原因可以分为偶然性原因和异常性原因两个类别。偶然性原因通常是对工程质量起作用的原因，如同一合格批次的混凝土可能存在微小差异，但很难控制和掌握。因此，通过综合指标（如保证率、方差和离散系数等）来评估工程整体质量状况。偶然性原因往往是无法避免和发现的，所以在工程质量控制中，通常不考虑其对质量波动的影响。质量标准通常通过规定方差、保证率和允许偏差的范围来反映偶然性原因。

与偶然性原因相对的是异常性原因。异常性原因是完全可以通过一定的经验或手段发现和消除的人为原因。例如，调查不充分、论证不彻底会导致项目方向选择错误；参数选择或计算错误则会造成方案的偏差；材料和设备不合格及违反技术操作规程等有可能造成工程项目中的质量事故，这些都是影响工程质量的异常性原因。异常性原因对工程质量的稳定性起着重要的作用，对工程质量的影响比较明显。因此，在工程建设中，必须正确认识和充分分析异常性原因，并想办法消除它们，以确保工程质量各项指标控制在规定范围内。异常性原因表现为某些质量指标偏离规定标准。为了确保工程质量，需要在工程质量控制工作中给予足够的重视，并加强对异常性原因的防范和处理。

影响工程建设质量的异常性原因很多，概括起来有人（man）、机（machine）、料（material）、法（method）、环（environments）五大因素，简称"4M1E"。

（一）"人"的因素

在所有工程建设活动中，"人"的因素对工程建设的影响是至关重要的。无论是在先进的自动化设备前，还是在繁重的工作任务中，人都扮演着操作者和管理者的重要角色。然而，这里的"人"不仅包括直接操作的工作人员，还涵盖了组织者和指挥者。工作质量是影响工程项目质量的关键因素之一，工程质量取决于与工程建设相关的所有个人和集体的工作。每个工作岗位和工作人员的工作都以直接或间接的方式影响着工程项目的质量。工作人员的工作经验、知识结构、质量意识，以及技术水平和技术能力的发挥程度，心理状态和思想情绪，对执行操作规程的认真程度，对质量标准和技术要求的理解和掌握程度，以及工作人员的疲劳程度、身体状况和工作的积极性等因素都对工程质量有着重要影响。

1. 人的理论和技术水平

人的理论和技术水平是影响工程质量的重要因素。对于难度大、技术复杂、精度高、工艺新的建筑结构或建筑安装的工序操作，均应选择既有丰富理论知识，又有丰富实践经验的工程技术人员胜任。必要时，还需要对他们的技术水平予以考察，进行资质认证。

2. 人的生理缺陷

根据工程施工的环境和特点，必须严格要求人在生理上达到一定的条件要求。患有高血压或心脏病的人不可以在水下或高空工作；应变能力差和反应缓慢的人不应操作快速和复杂的机器；视力和听力受损的人不应参与校准、测量或控制信号等任务，否则会影响工程质量，进而引发质量和安全事故。

3. 人的心理行为

人的工作态度、注意力、情绪和责任心等因素会受到经济、社会、环境条件和人际关系的影响，同时也会受到组织纪律、规章、法律和管理制度的制约。此外，生活福利、劳动分工和工资报酬等也会影响人的工作动力和态度。在工程建设中，如果个人某种需要未得到满足，或者受到批评处分，带着不稳定的情绪（如愤懑和怨气）工作，或者上下级关系紧张，产生畏惧、疑虑、抑郁等心理，注意力发生转移，都很有可能导致质量问题和安全事故。因此，为了确保质量和安全，对于关键的工序和操作，需要特别关注人的心理变化，并采取相应的措施来稳定人的情绪和思想。这包括建立积极健康的工作环境和人际关系，提供良好的福利待遇和工资报酬，加强组织纪律和管理制度的执行，以及提供适应性和心理健康方面的培训和支持等。此外，也需要建立有效的沟通机制，让工作人员能够表达自己的需求和疑虑，有效解决问题，增强工作动力和团队的凝聚力。只有通过关注人的心理变化和采取相应措施，才能有效降低质量和安全风险，确保工程的顺利进行和高质量完成。

4. 人的错误行为

人的错误行为是指影响质量，甚至引发安全事故的抽烟、听错、看错、动作错误、判断错误等行为。因此，要防止质量和安全事故的发生，应当采取相应措施防止人的错误行为发生。

（二）"机"的因素

"机"指的是在工程建设中的施工机械。随着科技和生产的发展，工程建设的规模不断扩大，工程建设中施工机械已经成为不可或缺的设备，用于完成大量的土石料运输、开采、碾压和填筑，以及混凝土的拌和、运输和浇筑等工作。施工机械的应用替代了繁重的体力劳动，加快了施工进程。施工机械的装备水平在一定程度上反映了对工程质量控制水平的重视情况。

因此，在选择施工机械设备时，需要考虑工程施工条件和特点，并综合考虑适用性、操作方便性、技术先进性、使用安全性，以及经济合理性和可靠性等因素，从而确定设备类型和性能参数。同时，还需要加强对施工机械设备的保养、维护和管理，保持设备的稳定性和工作效率，以确保工程质量。通过合理的设备选择和有效的维护管理，可以提高工程施工的效率和质量，确保工程顺利进行并达到预期目标。

（三）"料"的因素

"料"指的是工程建设中使用的材料、零部件和生产设备等。材料、零部件和生产设备等构成了项目的实体基础，其质量直接影响着工程项目的质量，因此在测试方法和测试手段等方面需要采取必要的措施。建筑材料（包括用于填土的土壤）在购买前必须经过测试，以保证其质量符合相关要求；购进的原材料不仅要有出厂证明，还要按照要求进行必要的测试或检验；用于生产的零部件和设备不仅要符合质量要求，还要在型号、参数等方面符合相关规定，以便为最终的工程实体质量打下坚实的基础。

（四）"法"的因素

"法"指的是施工过程中采用的方法、方案和工艺。施工方法、施工方案和施工工艺直接影响着工程项目的质量。因此，在严格遵守操作规程的基础上，应尽可能选择先进可行的施工工艺，并针对施工的重点、难点及工程的关键部位和环节进行认真的研究和深入的分析。此外，需要制定出经济合理、安全可靠、技术可行的项目施工方案，并将其付诸实施，以确保工程的施工质量。

（五）"环"的因素

"环"指的是环境，主要包括：自然环境，如地质、地形、气象、气候、水文等；劳动环境，如劳动工具、劳动组合、作业空间、作业条件等；工程管理环境，如各种质量保证体系和规章制度等；社会环境，如项目周边群众的支持度和当地社会治安等。环境因素对工程质量的影响具有复杂性和多面性，因此需要具备足够的前瞻意识和预见性，积极采取必要的防范和保护措施，以确保工程项目质量目标的实现。

二、微观方面

水利工程施工的各个阶段密切相关、相互制约，因此每个阶段对工程质量都有非常重要的影响。为了实现水利工程项目的质量控制，必须严格遵守工程施工程序，对工程施工过程中各个阶段的质量进行严格控制。水利工程建设程序中各阶段对工程质量的影响如下。

（一）项目建议书阶段对工程质量的影响

项目建议书应根据国家经济和社会发展长期规划、流域综合规划、区域综合规划和专业规划按照国家产业政策和国家有关投资建设方针进行编制。项目建议书的编制一般由政府委托有相应资格的设计单位承担，并按照国家现行规定权限向主管部门申报审批。项目建议书是整个项目建设过程中最初阶段的工作，它提出了对整个拟建项目的总体构想，同时也是进行后续可行性研究和编制设计任务书的依据。项目建议书一般包括以下内容。

第一，项目建设的必要性和任务。论述项目建设的必要性，根据推荐的最优方案，提出项目的开发目标和任务的主次顺序，分别拟定近期和远期的开发目标与任务。

第二，建设条件和建设规模。根据对水文、地质条件的分析，初步确定项目建设规模。

第三，主要建筑物布置。根据所确定的项目建设规模，确定工程的等级、选址，以及主要建筑物尺寸、主要工程量等。

第四，施工条件和移民安置分析。对施工条件、移民补偿、移民安置进行分析。

第五，投资估算和资金筹措。进行投资估算，提出资金筹措方式设想。

第六，综合评价。综合评价包括财务评价和国民经济评价。综合评价应就项目在经济上的合理性和可行性得出明确结论，为项目决策提供科学依据，并提出可行性研究报告阶段应考虑的关键问题。

（二）可行性研究报告阶段对工程质量的影响

工程项目的可行性研究必须基于批准的项目建议书和授权书。可行性研究应调查研究拟建项目的工艺过程、技术路线、工程条件和效益，比较不同的施工方案，并最终提出合理的施工方案。它是初步工作的中心环节，也是投资决策、编制和批准设计任务函的基础。

项目可行性研究的目的是通过对拟建项目进行全面分析及多方面比较，论证该项目是否必须（适合）建设、技术上是否可靠、经济上是否合理。项目可行性研究的具体任务包括项目建设的必要性研究、技术路线可行性研究、工程条件研究、项目实施计划研究、资金使用计划和成本核算研究、人员培训计划研究和效益评价研究等内容。一份项目可行性研究报告是项目可行性研究的工作成果，该报告被批准后就可以作为项目决策和进行初步设计的依据。

（三）初步设计阶段对工程质量的影响

初步设计是设计方案的延续和深化。在初步设计中，应明确工程规模、施工目的、设计标准和原则，并在设计文件中提出需要注意的事项和所存在的问题。初步设计的深度应能控制项目投资，满足施工计划和设计编制要求，关键设备和材料清单应满足订货要求及相关工程招标的要求。因此，初步设计是对项目各项技术、经济指标进行全面规划的重要环节。初步设计通常包括主要工程量、设计说明、主要设备，以及材料清单、工程概算书及完整的初步设计阶段图纸等内容。施工图纸设计是在扩展初步设计批准后进行的。施工图纸设计的任务是根据扩展的初步设计批准通知，解决初步设计阶段需要确定的各种问题，并作为施工单位编制施工预算、编制施工组织设计和执行施工的基础。

施工图纸设计文件的组成和初步设计文件基本相同，是对初步设计文件的深化和补充。

工程项目的初步设计阶段是通过工程设计将已确定的质量目标和水平具体化。初步设计阶段需要考虑技术可行性、工艺先进性、经济合理性、设备配套性及结构安全可靠性等因素，这些因素将直接影响到工程项目建成后的使用价值和功能。因此，初步设计阶段是决定工程项目质量的关键环节。

（四）建设实施阶段对工程质量的影响

根据设计文件和图纸的要求，水利工程项目建设实施阶段的任务是把这个理念转化为实际的工程实体。建设实施阶段的工作对最终工程质量有直接且显著的影响，因此成为影响水利工程质量控制的最关键环节。

（五）竣工验收对工程质量的影响

工程完工后，相关国家部门和工程参建单位将对工程是否达到建设目标和质量要求进行验收，并检查其施工质量是否符合国家相关标准。对于存在的质量缺陷，必须进行处理。此时，工程质量已经形成，一些质量问题已按要求进行了处理，或者存在一些质量缺陷但不影响使用，不需要处理。竣工验收是工程建设向生产转移的必要环节，对工程能否最终形成生产能力具有重要影响，同时也体现了工程质量水平的最终结果。因此，竣工验收是确保工程质量的关键环节，同时可以通过总结经验教训，促使相关单位和人员在未来的工程建设中持续提高工程质量水平。

综上所述，工程项目质量的形成是一个全面的过程，是工程项目各个阶段质量的综合反映。只有有效控制每个阶段的质量，才可以确保实现工程项目质量的最终目标。

第四节　水利工程质量控制与安全管理的意义

一、水利工程质量控制的意义

产品质量具有重要的经济意义和深刻的社会意义，它渗透到人类社会的各个领域，因此受到普遍的重视和广泛的关注。产品质量是一个国家经济、技术和管理基础的综合反映，在宏观上对国民经济的发展、在微观上对企业的生存都是至关重要的。建筑工程是一种产品，其质量意义比一般工业产品更为重要，尤其是水利工程。水利工程位于江、河、湖、库水域，水工程的水文地质条件复杂，工程位置危险。不论是防洪除涝还是蓄水发电，都直接关系到国家经济和民生，关系到城乡人民的生命和财产安全。水利工程不但专业性较强，而且质量要求较高。质量好，则富国强民，造福后代；质量差，则伤天害理，祸国殃民。质量是水利工程的生命，全水利行业、全社会都应为搞好水利工程质量贡献力量。

二、水利工程安全管理的意义

（一）有助于防止伤亡事故的发生

人的不安全行为、物的不安全状态、环境的不安全条件，以及安全管理的缺陷等原因是事故发生的最主要的原因，而人、物和环境出现问题的常见原因是安全管理存在缺陷或出现失误。因此，事故发生的根源就是安全管理的缺陷，为了彻底杜绝事故的发生，必须从加强安全管理抓起，不断改进水利工程中的安全管理技术，提升安全管理水平。

（二）有助于贯彻落实"安全第一、预防为主、综合治理"方针

"安全第一、预防为主、综合治理"是我国安全生产的基本原则，是多年来安全管理实践经验的科学总结。为了贯彻这一方针，第一，需要各级领导有高度的自觉性，履行安全责任，积极采取各种措施来防止水利工程事故和危害的发生。第二，广大职工也需要增强安全意识，自觉遵守安全生产规章制度，不断提高自我防护意识。只有明确合理的目标，建立并完善安全生产管理体系，科学地计划、规划及做出正确的决策，增强考核、监督、激励和安全宣传的教育，全面运用各种管理手段，才能在安全生产中激发各级领导和广大员工的积极性，真正贯彻落实"安全第一、预防为主、综合治理"方针。

（三）有助于工程企业经济效益的提高

安全管理是水利工程施工管理过程中不可或缺的一部分。它与企业的其他管理密切相关，相互影响、相互促进。为了避免伤亡事故的发生，必须从多个方面采取对策，包括提升人员素质、改善作业环境、检查维修设备与设施、科学化劳动组织，以及改进作业方法等。为了实施这些对策，必须加强对生产、设备、技术、人事等方面的管理，并对各个方面的工作提出更高的要求，以推动企业管理的改善和工作的全面进步。企业管理的改善和工作的全面进步，将为提升安全管理水平创造条件。安全管理水平的提升、企业管理的改善和劳动者积极性的发挥，必然会显著提高工作效率，从而推动企业经济效益的增长。相反地，如果事故频繁发生，不仅会影响职工的安全与健康，还会削弱职工的生产积极性，导致生产效率下降。此外，还可能造成设备损坏，浪费大量人力、财力和物力，给企业带来巨大的经济损失。

第二章　水利工程质量控制概述

随着我国经济建设的高速发展，水利工程质量越来越受到重视，但由于水利工程在实际操作中复杂而又繁重，一些质量问题的存在使工程项目不能如期完成并交付使用，严重影响了经济效益。近年来，我国出台了多项法律法规来提升水利工程质量。水利工程质量是水利工程的核心，其中对施工质量的管理是成败的关键。本章围绕水利工程质量的特点、水利工程质量管理与控制的基础理论、水利工程质量监督与安全监督工作等内容展开研究。

第一节　水利工程质量的特点

一、影响因素多

能对水利工程质量产生影响的因素有很多，包括环境因素、人员因素、机械因素、材料因素、方法因素。因为水利工程建设的项目大多数由多家建设单位分工合作完成，各个建设单位的人员、材料及机械等都不一致，这使得水利工程的质量形式更为复杂，影响水利工程的因素也更多。

二、质量变异大

由于影响水利工程质量的因素有很多，因此增加了水利工程质量的变异概率。

三、质量具有隐蔽性

由于水利工程在建设的过程中，多家建设单位参与施工，工序交接多，所使用的材料、人员的水平不均衡，隐蔽工程多，再加上取样的过程中还会受到多种因素和条件的限制，从而增大了对工程质量的错误判断率。

四、终检局限性大

水利建筑工程通常都有固定的位置，在对水利工程进行质检时，就不能对其进行解体或拆卸，因此水利工程内部存在的很多隐蔽性的质量问题，在最后的终检验收时很难发现。

在水利工程质量管理的过程中，除要考虑上述几项水利工程特点外，还要认识到质量、投资和建设工期这三者之间是一种对立统一的关系，水利工程的质量会受到投资和建设工期等方面的制约。要想保证水利工程的质量，就应该针对水利工程的特点，对质量进行严格控制，将质量控制贯穿于水利工程建设的始终。

第二节　水利工程质量管理与控制的基础理论

一、水利工程质量管理基础理论

（一）水利工程质量管理的内容

在对水利工程的质量进行管理时，要注意从全面的观点出发，不仅要对水利工程质量进行管理，还要对工作质量和人的质量进行管理。

1. 工程质量

工程质量指的是水利工程建设期间要符合相关法律法规的规定，符合设计文件、技术标准和合同等的要求，其所起到的具体作用要符合使用者的要求。具体来说，工程质量管理主要表现在以下几个方面。

第一，工程寿命。工程寿命是指建设的项目在正常的环境条件下可以达到的使用时间，即工程的耐久性。工程寿命是水利工程项目建立的重要指标之一。

第二，工程性能。工程性能是工程建设的重点内容，要能够在各个方面（如外观、结构、力学及使用等）满足使用者的需求。

第三，安全性。工程的安全性主要是指在使用过程中，工程的结构应能保护工程，具备一定的抗震、耐火效果，进而保护人员的人身安全。

第四，经济性。经济性指的是工程在建设和使用的过程中应该进行成本的计算，避免不必要的支出。

第五，可靠性。可靠性指的是水利工程在一定的使用时间和使用条件下，所能够有效地完成相应功能的程度。例如，某水利工程在正常的使用条件和使用时间下，不会发生断裂或渗透等问题。

第六，与环境的协调性。与环境的协调性指的是水利工程的建设和使用要与其所处的环境相互协调适应，不能违背自然环境的发展规律，要与自然和谐共处，实现可持续发展。

可以通过量化评定或定性分析对上述六个方面进行评定，以此明确规定出可以反映工程质量特性的技术参数，然后通过相关的责任部门形成正式的文件下达给工程建设组织，以此作为工程质量施工和验收的规范。

2. 工作质量

工作质量指的是从事建筑行业的部门和建筑工人的工作可以保证工程的质量。工作质量包括生产过程质量和社会工作质量两个方面，如技术工作、管理工作、社会调查、后勤工作、市场预测、维护服务等。要想确保工程质量达到相关部门的要求，就必须首先保证工作质量要符合要求。

3. 人的质量

人的质量指的是参与工程建设的员工的整体素质。人是工程质量的控制者，也是工程质量的制造者。工程质量的好坏与人的质量是密不可分的。参与工程建设的员工的整体素质主要指的是思想政治素质、文化技术素质、业务管理素质、身体素质等。文化技术素质直接影响工程质量，尤其是操作难度大、技术复杂、要求精度高的工程对参与建设的员工的文化技术素质要求更高。身体素质是指根据工程施工的环境和特点，应避免使具有一定生理缺陷的员工参与施工，否则容易引起安全事故。思想政治素质和业务管理素质主要指的是员工应提高思想政治修养，在施工场地应该避免产生不良的情绪，如畏惧、抑郁等，同时也要注意错误的行为，如吸烟、打闹嬉戏等。

（二）水利工程质量管理点的设置

在施工前，施工承包人需要全面、合理地设置质量管理点。必要时，应对质量管理实施过程进行旁站监督或跟踪检查，以确保质量管理点的实施质量。设置质量管理点的对象，主要包括以下几个方面。

第一，关键的分项工程，如土石坝工程的坝体填筑工程、大体积混凝土工程、隧洞开挖工程等。

第二，关键的工程部位，如堆石坝面板、混凝土面板、趾板及周边缝的接缝、土预制框架结构的梁板节点、基上水闸的地基基础、关键设备的设备基础等。

第三，关键质量特点的关键因素，如支模的稳定性的关键是支撑方法，冬季混凝土强度的关键因素是环境（养护温度），泵送混凝土输送质量的关键是机械等。

（三）水利工程质量管理的原则

水利工程质量管理的目的是使工程的建设符合相关要求，因此在进行质量管理时应遵循以下几项原则。

第一，遵守质量标准原则。必须依据质量标准对工程质量进行评价，其中所涉及的数据则是质量控制的基础。工程质量是否符合质量管理的相关要求，只有在将数据作为依据进行衡量之后才能做出最终的评判。

第二，坚持为用户服务原则。在进行工程项目的建设过程中，要充分考虑到用户的需求，要把用户的需求作为质量管理的基础，要时刻谨记用户的需求，并使这种思想深入各个施工人员心中。施工人员是工程质量的制造者，在工程建设中，施工人员的劳动才是工程质量的基础，才是工程建设的不竭动力。

第三，坚持全面控制原则。全面控制原则是指要对整个工程项目建设过程进行严格的质量控制。依靠能够确切反映客观实际的数字和资料对工程所有阶段的质量进行控制，对工程建设的各个方面进行全面掌控。

第四，坚持预防为主原则。在水利工程实际实施之前，就要提前找出所有能对工程质量产生影响的因素并对其进行全面分析，找出其中的主导因素，将工程质量问题消灭于萌芽状态，从而真正做到未雨绸缪。

第五，坚持质量最优原则。坚持质量最优原则是对工程进行质量管理所遵循的基本思想。在水利工程建设的过程中，所有的管理人员和施工人员都要将工程质量放在首位。因此，应该始终坚持"百年大计，质量第一"的理念，在工程建设的过程中将质量作为工程质量管理贯穿始终的基本原则。

第六，坚持质量标准是最基本的原则。必须通过质量检验，并将结果与质量标准进行比较，以确定工程质量是否符合合同规定的质量标准要求。如果符合质量标准要求，那么该工程质量就是合格的；反之，就必须进行返工处理。

（四）水利施工过程的质量管理

1. 技术交底

做好技术交底是确保施工质量的重要措施之一。在项目开工前，项目技术负责人应向负责施工或分包的人进行书面技术交底，交底资料应办理签字手续并归档保存。每个分部工程开工前都应进行作业技术交底。技术交底书应由施工项目技术人员编写，并经项目技术负责人批准实施。技术交底的内容主要包括任务范围、施工方法、质量标准、验收标准、施工中应注意的问题、可能发生意外的措施及应急方案、文明施工和安全防护措施，以及成品保护要求等。技术交底应围绕施工材料、机具、工艺、施工环境和具体的管理措施等方面展开，并明确具体的步骤、方法、要求和完成时间等。技术交底的形式可以是书面、口头、会议、挂牌、样板或示范操作等。

2. 工序质量管理

施工过程由一系列相互关联且相互制约的工序组成。工序是指材料、人员、机械设备、施工方法和环境因素相互作用的过程，对施工过程质量的管理必须以工序质量管理为核心和基础。因此，施工阶段质量管理的重点就是工序质量管理。严格的工序质量管理是保证施工项目的实体质量的前提。工序质量管理主要包括两个方面，即工序施工条件质量管理和工序施工效果质量管理。

第一，工序施工条件质量管理指的是管理从事工序活动的各种要素质量和生产环境条件。工序施工条件质量管理主要通过测试、检查、跟踪监督、试验等手段来管理工序活动的各项投入要素质量和环境条件质量。管理的依据主要包括材料质量标准、设计质量标准、施工工艺标准、机械设备技术性能标准和操作规程等。

第二，工序施工效果质量管理主要反映工序产品的质量特征和特性指标。工序施工效果质量管理旨在确保工序产品的质量特征和特性指标能够达到设计质量标准和施工质量验收标准的要求。工序施工效果质量管理相当于事后质量管理，其主要途径包括统计分析数据、实测获取数据、判断认定质量等级和纠正质量偏差等。

3.4M1E 的质量管理

（1）人的质量管理

工程质量的实现依赖于工作质量和工序质量，工序质量直接受到工作质量的影响。工作质量是由参与工程建设各方人员的文化修养、技术水平、职业道德、心理行为、质量意识和身体条件等因素所决定的。这些人员包括施工承包人的指挥者、操作者和组织者。为了避免出现失误，需要充分调动人们的积极性，以确保"人是第一因素"起主导作用。管理人员应根据适才适用、扬长避短的原则进行安排。

（2）材料与工程设备的质量管理

工程项目是由各种辅助材料、建筑材料、半成品、成品、工程设备等组成的实体。这些材料与工程设备的质量管理工作，对工程质量起着至关重要的作用。因此，材料与工程设备的质量是否符合合同要求成为评判工程质量是否符合标准的基础。

根据合同规定，承包人应按照技术标准进行材料的抽样检验和工程设备的检验测试，并将检验结果提交给现场监理人员。现场监理人员应按照合同要求进行交货验收，承包人则应提供一切必要的便利来进行监督检查。

（3）工程设备运输的质量管理

工程设备的运输是通过不同的运输方式将其从一个空间位置转移到另一个空间位置，最终到达施工现场的过程。工程设备运输的质量直接影响其使用价值的实现，因此也直接影响工程质量和施工进度。如果工程设备运输不当，可能会导致设备损坏或失去使用价值，影响其功能和精度。因此，需要加强对工程设备运输质量的管理。根据具体情况和工程进度计划，制定工程设备的运输时间表，并明确参与运输的相关人员的责任。这也是保证运输质量的基础。

（4）环境因素的质量管理

环境因素也会对工程项目质量产生影响，主要包括技术环境、施工管理环境和自然环境。技术环境主要包括施工所使用的规范、规程、质量评定标准和设计图纸；施工管理环境主要包括质量管理制度、质量奖惩制度、质量签证制度等；自然环境主要包括工程地质、水文、气象条件和地下障碍物等。

二、水利工程质量控制基础理论

（一）质量控制的概念

质量控制是质量管理的一部分，致力于满足质量要求的一系列相关活动。为提升工程质量，使其达到质量要求，质量控制必须做好每一个环节的工作。因此，质量控制通过一系列的作业技术和活动对各个过程进行控制。

质量控制的内容：第一，确定控制对象，如设计过程、工序、制造过程等；第二，规定控制标准，即详细说明控制对象需要达到的质量要求；第三，制定具体的控制方法，如制定工艺规程；第四，明确所采用的检验方法和手段；第五，进行实际检验；第六，分析和说明实际质量与标准质量之间产生差异的原因；第七，采取行动消除差异。

质量控制具有动态性，因为随着时间的推移，质量要求也在不断变化。为了满足更新的质量要求，质量控制需要持续改进。

（二）水利工程质量控制的任务

水利工程质量控制的任务核心是对工程建设各个阶段的质量目标进行监督管理。在工程建设中，每个阶段的质量目标是不一样的，因此要对各个阶段质量控制的任务进行确定。

1. 工程项目决策阶段质量控制的任务

在工程项目决策阶段，质量控制的任务主要是对可行性研究报告进行审核，只有符合条件的报告才可以最终被确认执行。

2. 工程项目设计阶段质量控制的任务

在工程项目设计阶段，质量控制的任务主要包括如下内容。第一，审核设计资料和文件。对设计相关的各种资料和文件进行审核，确保设计基础资料的正确性和完整性。第二，编制设计招标文件。负责编制设计招标文件，包括规定设计要求、技术规范等，确保设计过程满足项目需求。第三，组织设计方案竞赛。组织设计单位进行设计方案竞赛，评选出最佳设计方案，确保设计方案的先进性和合理性。第四，督促设计单位完善质量保证体系。督促设计单位建立完善的质量保证体系，包括内部专业交底和专业会签制度，确保设计过程规范和可控。第五，进行设计质量跟踪检查。对设计过程中的图纸和文件进行质量跟踪检查，确保设计图纸的质量符合要求。第六，加强设计阶段的质量控制。设计阶段的质量控制直接影响到后续施工和运营阶段的质量和效果。

通过上述控制措施，可以确保设计阶段的工程质量符合要求，减少后续问题和风险。同时，也需要持续关注并改进设计阶段的质量控制工作，以适应不断变化的项目需求和技术标准。

3. 工程项目施工阶段质量控制的任务

（1）事前控制

审查技术资质；完善工程质量体系；完善现场工程质量管理制度；争取更多的支持；审核设计图纸；审核施工组织设计；审核原材料和配件；对那些永久性的生产装置或设备，应按审批同意的设计图纸组织订货或采购，到货之后还要进行检查验收；检查施工场地；严把开工。在工程建设正式开始之前，所有准备工作都做完，并且全部都合格之后，才可以下达开工的命令；中途停工的工程如果没有得到上级的开工命令，暂时不能复工。

（2）事中控制

在事中控制时，一定要关注对工序质量的控制，因为工序质量对工程质量起着决定性的作用，只有确保工序质量才能保证工程质量。要找出影响工序质量的所有因素，将它们全部纳入质量体系的控制范围。

严格检查工序交接。在工程建设的过程中，只有每一个建设阶段按照有关的验收规定合格之后，才能开始进行下一个阶段的建设。

审查质量事故处理方案。在工程建设的过程中，如果发生了意外事故，要及时给出事故处理方案，在处理完事故后还要对处理效果进行检查。

对已经完成的分部工程要注意检查验收，验收过程中要严格按照相应的质量评定规定和办法进行检查验收。

审核图纸修改和设计变更。在工程建设过程中，如果设计图纸出现了问题，要及时进行修改，并要对修改后的图纸再次进行审核。

行使否决权。在审查工程质量时，可按照合同中的规定行使质量监督权和质量否决权。

召开质量现场会议。召开质量现场会议，及时通报和分析工程质量状况。

（3）事后控制

对承包商提供的质量检验报告和相关技术文件进行审核；对承包商提交的竣工图进行审核；组织联动试车；按照质量评定标准和规程，对已完工的工程项目进行检查验收；组织项目竣工的总验收；收集关于工程质量的资料和文件，并进行归档。

第三节　水利工程质量监督与安全监督工作

水利工程质量与安全监督工作主要是由质量监督机构和安全监督机构来承担。水利工程质量控制的方法与程序主要包括以下几个方面。

一、制定和执行标准

质量监督机构和安全监督机构需要参考国家相关标准和规范，如《中华人民共和国建筑法》《建设工程质量管理条例》《建设工程勘察设计管理条例》《水利工程质量管理规定》等，制定适用于水利工程的具体质量控制标准和要求。这些标准和要求包括施工过程、材料选择、工程质量及安全管理等方面的规定，并将其纳入施工合同和技术文件。

二、质量计划编制

质量监督机构和安全监督机构需要参与编制水利工程的质量计划，并对计划的合理性和可行性进行评估。质量计划需要明确工程整体目标、质量目标、实施控制措施、监测方法和质量检验要求等详细内容。

三、质量监督检查

质量监督机构和安全监督机构需要进行定期或随机的现场检查，对水利工程施工过程中的关键节点和重要部位进行监测和抽查。通过检查记录和抽样检验，评估工程的质量、安全状况和施工符合性，发现并整改质量问题和安全隐患。

四、质量报告和评估

质量监督机构和安全监督机构需要根据实际的检查结果和数据，编制相应的质量报告和评估。质量报告和评估的内容包括施工过程中发现的质量问题、安全隐患、整改情况及改进意见等，以提供给用户和施工方参考和改进。

五、事故调查和处理

在水利工程发生事故时，质量监督机构和安全监督机构需要参与事故的调查和处理工作，分析事故原因、责任归属，并提出相应的整改措施和预防措施，以避免再次发生类似事故。

总之，质量监督机构和安全监督机构在水利工程中需要积极参与整个施工过程，确保工程的质量和安全符合标准和要求，促进质量管理和安全管理的有效实施，保障水利工程的正常进行和工程结构的可靠性。

第三章　水利工程施工阶段质量控制

　　水利工程施工阶段开展高效科学的质量控制可以起到合理控制施工成本、保证施工进度、提高工程质量，以及最大限度减少工程施工阶段的各类问题的作用，对整个水利工程意义重大。本章围绕混凝土、钢筋、模版、渠道和地基处理工程施工质量控制展开研究。

第一节　混凝土工程施工质量控制

一、混凝土材料选用质量控制

（一）优良混凝土材料的基本认识

　　目前，混凝土仍为水利工程及其他建筑工程中的主要的大宗建筑材料，其品质的优劣直接影响着这些建筑物的质量及能否安全耐久使用。因此，对这种材料的认识和精心制造是关系到整个工程成败、优劣的关键问题。

　　众所周知，混凝土是由多种不同的材料组成的复合材料，组成材料包括水泥、砂、石、水、混合材料、外加剂等，这些材料的特性如密度、形状、细度等均有所区别。自然条件下混凝土易出现沉缩、泌水、离析等问题，而施工方法的正确与否对混凝土的品质和性能具有直接影响。

　　优良的混凝土材料，具有良好的可塑性（施工性）、经济性及耐久性等性能，当然它也存在低延展性、低抗拉强度等缺点。因此，对此种材料的应用可以采用复合材料的原理（如配筋）来克服它的缺点，并发展它的优良特性，以达到对混凝土的最佳使用。但是，由于该种材料的固有性质会发生变化，并且环境等外部因素也会对材料品质产生影响，尤其是水泥品质及骨料的质地、形状和含水量等经常会引起混凝土品质的改变，若不加以控制，则可能影响结构物的品质或建筑物的安全使用。鉴于以上原因，必须认识到混凝土材料选用质量控制的重要性。

（二）优良混凝土材料的特性

为保证混凝土工程施工的质量，选用的优良混凝土材料应该具备以下特性。

1. 高强度

目前，我国混凝土的平均强度等级为 C20～C25。20 世纪 80 年代末，强度等级为 C60 的高强混凝土已在某些土木工程中应用。随着混凝土技术的发展，其应用范围将越来越广。与此同时，更高强度混凝土的研究与应用也日益受到重视。在国外，强度在 C100 以上的高强混凝土已被应用于高层建筑。从目前的混凝土强度发展趋势来看，21 世纪混凝土的抗压强度将提高到 100 兆帕以上，其抗拉强度将达到抗压强度的一半。

2. 轻质量

发展轻骨料及轻骨料混凝土是减轻混凝土结构自重的主要途径之一。国外已研制出表观密度为 1900 kg／m³、强度等级为 C100 的高强轻骨料混凝土。

3. 多功能

采用不同的原材料和配制工艺，可以使混凝土从结构材料发展成既承重又吸声，或者具有绝缘、导电、保温隔热、装饰等多种功能的材料。

二、混凝土拌和质量控制

（一）一般原则和要求

第一，以浇筑强度为基准，选用与之契合的混凝土拌和设备，来保证混凝土施工的不间断；在搅拌混凝土时，必须严格按照实验室提供的配料单对各种原材料进行称量配置，绝对不能擅自进行改动。

第二，砂石骨料含水量应保持在稳定的水平，要按照施工计划定时测量含水量数据，如遇下雨天气应适时提高测量频率。

第三，在搅拌混凝土时，应确保纯拌和时间符合规范要求。若混合料、减水剂、引气剂或冰被添加后，则应适度延长拌和时间。

（二）质量检查内容和质量标准

1. 混凝土拌和质量

混凝土拌和质量的检查项目和标准如表 3-1 所示。

表 3-1　混凝土拌和质量的检查项目和标准

项目	质量标准	
	优良	合格
△原材料称量误差符合规范要求的比例	90% 及以上	70% 及以上
砂子含水量（控制在 6% 以内）的比例	90% 及以上	70% 及以上
△符合规定拌和时间的比例	100%	100%
混凝土坍落度符合设计要求的比例	80% 及以上	70% 及以上
△混凝土水灰比符合设计要求的比例	90% 及以上	80% 及以上
混凝土出机口温度符合设计要求的比例	80% 及以上	70% 及以上
	高 1～2℃	高 2～3℃

注：标有△的为主要检查项目。

①在混凝土拌和生产中，应检查并记录各种原材料的配料称量，每 8 小时不应少于 2 次。

②在 4 个小时的时间间隔内，应对混凝土拌和时间进行 1 次检测。

③每 4 小时应检测 1～2 次混凝土的坍落度，并且应至少检测 1 次混凝土拌和物的温度、气温和原材料温度。

2. 混凝土试块质量

混凝土试块质量检查项目和标准如表 3-2 所示。

表 3-2　混凝土试块质量检查项目和标准

检查项目	质量标准	
	优良	合格
任何一组试块抗压强度最低不得低于设计标号	90%	85%

（续表）

检查项目		质量标准	
		优良	合格
△无筋（或少筋）混凝土强度保证率		85%	80%
△配筋混凝土强度保证率		90%	85%
混凝土抗拉、抗渗、抗冻指标		不低于设计标号	不低于设计标号
混凝土抗压强度的离差系数	＜200 号	＜0.18	＜0.22
	≥200 号	＜0.14	＜0.18

注：标有△的为主要检查项目。

3. 检查数量

根据施工标准和设计要求，每个月对混凝土拌和的各个检查项目的检测次数不得少于 30 次。

4. 质量评定

①通常情况下，混凝土拌和质量评定工作以月（或季度）为周期展开。优良评定需要满足以下条件：主要检查项目必须符合优良标准，其他检查项目至少要达到合格标准。合格评定需要满足以下条件：主要检查项目完全符合合格标准，其他检查项目基本上符合合格标准。

②通常情况下，混凝土试块质量评定工作以月（或季度）为标号展开。优良评定的条件包括：主要检查项目必须达到优良标准，其他检查项目只需满足合格标准。合格评定的条件包括：主要检查项目必须符合合格标准，其他检查项目也应满足合格标准。

③如果在同一个月（或季度）内，任何一个标号的混凝土的拌和质量和试块质量都达到了优良或合格的标准，那么就可以评价该混凝土的质量为优良或合格。

三、混凝土施工工艺质量控制

对于单元工程的划分，可以采用混凝土浇筑的仓号作为划分依据，每个仓号作为一个单元工程。另外，排架、柱子和梁子也可以将一次检查验收中的多个柱子和梁子作为一个单元工程。

基础面或混凝土施工缝处理、止水、伸缩缝和坝体排水管，以及混凝土浇筑等各个工序的质量要求都是混凝土单元工程的质量标准内容。

（一）基础面或混凝土施工缝处理

1. 质量检查内容和质量标准

基础面或混凝土施工缝的质量检查内容和质量标准如表 3-3 所示。

表 3-3 基础面或混凝土施工缝的质量检查内容和质量标准

检查项目		质量标准
基础岩面	△建基面	没有松动性岩块
	△地表水和地下水	科学引排或封堵
	岩面清洗	清洗干净、没有积水、没有积渣杂物
混凝土施工缝	△表面处理	没有乳皮，成毛面
	混凝土表面清洗	清洗干净、没有积水、没有积渣杂物
软基面	△建基面	已挖除预留保护层，地质符合设计要求
	垫层铺垫	符合设计要求
	基础面清理	没有乱石、杂物，坑洞分层回填夯实

注：标有△的为主要检查项目。

2. 质量评定

在新的开仓任务之前，进行最后一次检查是非常重要的。在主要检查项目满足要求的前提下，如果其他检查项目基本上符合标准并且已经通过了验收，那么就可以将其评定为合格；只要其他检查项目全部符合上述标准，就可以将其评定为优良。

（二）止水、伸缩缝和坝体排水管

1. 一般原则和要求

①作为隐蔽工程，水工建筑物中的止水、伸缩缝和坝体排水系统在施工过程中必须加强监督检查和保护，以防止损坏、堵塞等问题的发生，保证施工质量。

②必须严格遵守设计标准来规定止水、伸缩缝和排水系统的设计形式、结构尺寸、材料品质和规格等。

③在开始使用沥青及确定混合物的原材料和配合比之前，需要通过实验进行优化和确定。

④金属止水片必须符合设计图纸的几何尺寸，不得存在任何杂物，如水泥砂浆浮皮、浮锈、油漆、油渍等。在搭接焊时，必须采用双面氧焊，以保证焊接的牢固性和焊缝的无砂眼裂纹。金属止水片上不允许穿孔。

⑤在安装塑料和橡胶止水片之前，为避免变形或撕裂应采取预防措施。安装预制的多孔混凝土排水管时，必须确保其达到相应的设计强度。

2. 质量检查内容和质量标准

①金属止水片和塑料、橡胶止水的安装质量标准如表 3-4 所示。

表 3-4　金属止水片和塑料、橡胶止水的安装质量标准

检查项目		允许偏差 /mm
金属止水片的几何尺寸	宽	±5
	高（牛鼻子）	±2
	长	±20
△金属止水片搭接长度		不小于 20，双面氧焊
安装偏差（大体积混凝土细部结构）		±30（20）
△插入基岩部分		符合设计要求

注：标有△的为主要检查项目。

②伸缩缝的制作及安装质量标准如表 3-5 所示。

表 3-5　伸缩缝的制作及安装质量标准

检查项目	质量标准
涂敷沥青料	在混凝土表面涂刷均匀且紧密黏合的材料,要求表面洁净、干燥,无气泡和隆起现象
贴沥青油毛毡	清洁伸缩缝表面并确保其干燥。处理蜂窝麻面,填充平整。移除所有外露的施工铁件。确保铺设的厚度均匀且表面平整。搭接部分需要紧密连接,避免出现任何间隙
铺设预制油毡板	对混凝土表面进行清洁处理,修复蜂窝麻面,并使用填平材料将其填补平整。移除外露的施工铁件,确保表面无任何突起或尖锐部分。在铺设过程中,确保块体厚度均匀、表面平整牢固,同时相邻块体之间的安装应紧密无缝,表面平整无瑕疵
沥青井、柱安装	电气元件和绝缘材料的放置必须稳固,避免短路。填充沥青应密实,以确保绝缘性能。电热元件的安装位置应精确且稳定,同时确保上下层之间的连接良好

③坝体排水管的安装质量标准如表 3-6 所示。

表 3-6　坝体排水管的安装质量标准

检查项目		允许偏差 /mm
管排水管	平面位置	不大于 10
	倾斜度	不大于 4%
多孔性排水管	平面位置	不大于 10
	倾斜度	不大于 4%
△排水管畅通性		畅通

注:标有△的为主要检查项目。

3. 检查数量

对于一个单元工程中可能同时存在的止水、伸缩缝和坝体排水管 3 个部分,进行总检查（测）点不少于 30 个，每个单项不少于 8 个检查（测）点的测量；如果只有一项或两项需要检查（测），则应至少选取 20 个总检查（测）点。

4. 质量评定

在主要检查项目符合标准的基础上，如果至少有 70% 的检查（测）点符合标准，则该检查项目被评为合格；如果符合标准的检查（测）点占比达到 90% 或以上，则该检查项目被评为优良。

（三）混凝土浇筑

1. 一般原则和要求

①必须确保混凝土的生产和原材料的质量符合规定和设计标准。

②混凝土施工应是一个不间断的过程，为了确保其连续性，要依据浇筑强度，挑选适合的混凝土浇筑设备。如果中断时间超过了允许的间歇时间，那么必须按照工作缝的方式来处理。

③混凝土浇筑时，必须禁止在运输过程中或仓内进行加水，以确保混凝土的质量。

④混凝土浇入仓内时，应注意平仓振捣，不得堆积，严禁滚浇；夏季和冬季混凝土施工的温度控制标准要更为严格，应严格按照有关设计文件规定进行混凝土施工的温度控制，并应加强混凝土养护和表面保护，以达到防止混凝土出现裂缝的目的。

2. 质量检查内容和质量标准

混凝土浇筑的质量检查内容和质量标准如表 3-7 所示。

表 3-7　混凝土浇筑的质量检查内容和质量标准

检查项目	质量标准	
	优良	合格
砂浆铺筑	厚度不大于 3cm，均匀平整，无漏铺	厚度不大于 3cm，局部稍差
△入仓混凝土料	无不合格料入仓	少量不合格料入仓，经处理尚能基本满足设计要求
△平仓分层	厚度不大于 50cm，铺设均匀，分层清楚，无骨料集中现象	局部稍差

检查项目	质量标准	
	优良	合格
△混凝土振捣	垂直插入下层5cm，有次序，无漏振	无架空和漏振
△铺料间歇时间	符合要求，无初凝现象	上游迎水面15cm以内无初凝现象，其他部位初凝累计面积不超过1%并经过处理合格
积水和泌水	无外部水流入，泌水及时排除	无外部水流入，有少量泌水，排除不够及时
插筋、管路等埋设件保护	保护好，符合要求	有少量位移，但不影响使用
混凝土养护	混凝土表面保持湿润，无时干时湿现象	混凝土表面保持湿润，但局部短时间有时干时湿现象

注：标有△的为主要检查项目。

3. 检查数量

浇筑和拆模两个阶段均需要对混凝土分别进行检查。

4. 质量评定

主要检查项目都符合合格标准，而其他检查项目基本上符合合格标准，那么就可以将其评定为合格；如果主要检查项目都符合优良标准，并且其他检查项目符合优良或合格标准，就可以将其评定为优良。

第二节　钢筋工程施工质量控制

一、钢筋的分类与质量标准

（一）钢筋的分类

钢筋的种类很多，通常按化学成分、机械性能、生产工艺及轧制外形等进行分类。

1. 按化学成分划分

按化学成分，钢筋可分为碳素钢钢筋和普通低合金钢钢筋。其中，碳素钢钢筋按含碳量多少，又可分为低碳钢钢筋（含碳量低于 0.25%，如 I 级钢筋）、中碳钢钢筋（含碳量 0.25%～0.7%，如 IV 级钢筋）、高碳钢钢筋（含碳量 0.70%～1.4%，如碳素钢丝）。碳素钢钢筋中除含有铁和碳元素外，还含有少量的硅、锰、磷、硫等杂质。普通低合金钢钢筋的强度高且综合性能好。

各种化学成分含量的多少，对钢筋机械性能和可焊性的影响极大。一般建筑用钢筋在正常情况下不进行化学成分的检验，但在选用钢筋时，仍需注意钢筋的化学成分。

2. 按机械性能划分

钢筋混凝土结构用热轧钢筋，过去大多采用碳素钢。随着普通低合金钢的发展，现行热轧钢筋大多为普通低合金钢。按机械性能，钢筋可分为 I 级、II 级、III 级、IV 级四个等级。

3. 按生产工艺及轧制外形划分

按生产工艺及轧制外形，钢筋混凝土用钢筋可分为热轧带肋钢筋、余热处理钢筋、热轧光圆钢筋等。

（1）热轧带肋钢筋

热轧带肋钢筋是经热轧成型并自然冷却的成品钢筋。它的横截面通常为圆形，并且表面带有两条纵肋和沿长度方向均匀分布的横肋。当横肋的纵截面呈月牙形，并且与纵肋不相交时，称为月牙形钢筋；当横肋的纵截面高度相等，并且与纵肋相交时，称为等高肋钢筋。

（2）余热处理钢筋

余热处理钢筋是指将钢材热轧成型后立即穿水，进行表面冷却控制，然后利用芯部余热自身完成回火处理所得的成品钢筋。余热处理钢筋的钢筋表面及截面形状与热轧带肋钢筋相同。

（3）热轧光圆钢筋

热轧光圆钢筋是指横截面为圆形，并且表面光滑的钢筋混凝土配筋用钢材。

（二）钢筋的质量标准

钢筋混凝土结构和预应力混凝土结构所用的热轧带肋钢筋、热轧光圆钢筋、余热处理钢筋、钢棒、钢丝和钢绞线的质量应符合下列国家标准的规定。

①《钢筋混凝土用钢　第 2 部分：热轧带肋钢筋》（GB/T 1499.2—2018）。

②《钢筋混凝土用钢　第 1 部分：热轧光圆钢筋》（GB/T 1499.1—2017）。

③《钢筋混凝土用余热处理钢筋》（GB/T 13014—2013）。

④《预应力混凝土用钢棒》（GB/T 5223.3—2017）。

⑤《预应力混凝土用钢丝》（GB/T 5223—2014）。

⑥《预应力混凝土用钢绞线》（GB/T 5224—2023）。

用于拉丝、建筑等其他用途普通质量的低碳钢热轧圆盘条的质量，应符合国家标准《低碳钢热轧圆盘条》（GB/T 701—2008）的要求。

二、钢筋工程施工工序质量控制

（一）钢筋的除锈与调直

1. 钢筋除锈

钢筋出现受潮生锈现象是保管不善或存放时间过久所致。在生锈的早期阶段，钢筋表面会呈现出黄褐色的水锈或色锈。除需要清除焊接点附近的水锈外，一般情况下可以不必处理。然而，当钢筋的锈蚀程度加剧，已经可以看到钢筋表面形成的一层锈皮在锤击或碰撞下剥落时，此时钢筋无法与混凝土形成良好的黏结，影响了钢筋和混凝土之间的握裹力。此外，这种锈蚀现象在混凝土中会继续发展，因此必须进行清除。除锈后的钢筋不能再继续长期保存，应该尽快使用。

钢筋除锈的方式有以下三种：首先是使用钢丝刷、砂堆、麻袋沙包、砂盘等手工工具进行擦锈；其次是利用专门的除锈机械进行除锈；最后是在钢筋的其他加工过程（如调直过程）中同步进行除锈。

2. 钢筋调直

在使用钢筋之前，必须进行调直处理，否则会削弱其受力性能，甚至可能导致混凝土提前出现裂纹；如果钢筋下料前未进行调直，会导致下料长度出现误差，从而严重影响后续工序的质量。钢筋调直的规定如下。

①确保钢筋表面洁净，使用前应将油渍、漆皮或锈皮等残留物清除干净。

②钢筋应保持平直，不能存在局部弯曲现象，其中心线与直线的偏差以全长的1%为上限。按照施工规定，必须将成盘的钢筋或弯曲的钢筋调直后才能使用。调直的钢筋不应出现死弯，否则应剔除不用。钢筋调直后如有劈裂现象，应作为不合格品，并应重新鉴定该批钢筋质量。

③调直操作后，其表面伤痕不应使钢筋截面积减少5%以上。

（二）钢筋切断

钢筋切断前应做好以下准备工作。

①在对当班要切断的钢筋料牌进行汇总时，应分类统计相同规格（级别和直径）的钢筋，依据钢筋的不同长度进行搭配。为了减少短头、降低损耗，一般情况下应该首先切断长料，然后处理短料。

②在进行检查测量长度的工作之前，要确认量尺刻度线的准确性和定尺卡板的牢固性。只有确保这些工具和标志的准确性，才能获得准确的结果；在断料时，为了防止在量料过程中产生累积误差，在测量长料时应避免使用短尺。

③在进行大量根数的批量切断前，为了保证钢筋切断的质量，建议先行切2～3根以检查长度的准确性。

人工切断、机械切断、氧气切割是钢筋切断的三种方法。利用断线钳、手工液压钢筋切断机、手压切断器等工具进行切断的是人工切断。把钢筋原材料或已调直的钢筋利用钢筋切断机进行切断的是机械切断。机械式、电动液压式和手动液压式是钢筋切断机的主要类型。氧气切割通常用于直径大于40mm的钢筋。

（三）钢筋弯曲成型

将已切断的钢筋进行弯曲，使其形状和尺寸符合规定要求，是钢筋加工中的一项关键步骤。在对钢筋进行弯曲成型加工时，需要确保其形状的准确性，以避免出现翘曲不平的情况，这样可以方便后续的绑扎和安装工作。

手工和机械是对钢筋进行弯曲成型操作的常用方法。使用钢筋弯曲机进行机械弯曲成型时，需要注意以下几点。

①应该在稳固的地面上安装钢筋弯曲机，以确保稳定；铁轮前后应该使用三角木对称楔紧，以避免移动；设备周围应该有足够的空间；非操作人员禁止进入工作区域，以免在操作钢筋时受到意外伤害。

②在开始操作之前，应对机械的各个部件进行全面检查和试运转，确保其正常运行。此外，还需要检查齿轮、轴套等备件是否齐全，以确保机械的良好状态。

③钢筋盘的旋转方向是由倒顺开关控制的，要熟练掌握其操作方法及钢筋盘的旋转方向，确保钢筋放置与成型轴和工作盘旋转方向相一致，避免反向放置。控制工作盘旋转方向变换时，不要直接按正—倒转或倒—正转操作，而是要按正转—停—倒转操作。

④在弯曲钢筋的过程中，中心轴的直径决定了圆弧的直径。因此，中心轴或轴套需要根据钢筋的粗细和所需的圆弧弯曲直径大小来随时更换。

⑤机械运转过程中严禁更换中心轴、成型轴、挡铁轴，或者进行清扫、加油等操作。必须在关闭电源的情况下，才能更换配件。

⑥为了确保弯曲钢筋的质量，要确保钢筋在弯曲过程中与钢筋挡架上的挡板紧密贴合。

⑦当弯曲较长的钢筋时，必须由专人负责扶持。扶持人员的工作需要遵循操作人员的指示进行，禁止随意推动或拉扯。

⑧设备运行过程中如果出现卡盘、颤动或电动机温度过高的情况，必须立即停止操作并进行检修。

⑨为了确保钢筋弯曲后的质量，严禁在钢筋弯曲机上弯曲不直的钢筋。

第三节　模板工程施工质量控制

一、模板工程的要求与分类

（一）模板工程的要求

为了确保混凝土工程的质量、施工的安全、进度的加速及成本的降低，模板及其支撑必须满足以下要求：①确保工程结构与构件各部分之间的形状、尺寸及相互位置的准确性；②工程结构与构件必须具备足够的承载能力、刚度和稳定性，以可靠地承受新浇筑混凝土的重量和侧压力，以及在施工过程中的其他外部荷载；③构造简易，拆装简便，有利于钢筋的绑扎和安装，以及混凝土的浇筑和养护，满足工艺需求；④模板接缝处不应有漏浆现象。

（二）模板工程的分类

1. 按模板规格形式分类

（1）非定型模板

模板板块规格不定，尺寸也不一定符合建筑模数，可根据不同结构的开口尺寸需要来制作安装的模板。

（2）工具式模板

构件形状复杂，尺寸不合模数，但构件数量较多时，专门设计和制造的模板，可多次周转使用。

2. 按装拆方式分类

（1）固定式模板

一般情况下，模板和支架安装后位置便固定了，直至拆除，否则位置不会改变。

（2）移动式模板

模板和支架在安装完成后，可以随着混凝土结构逐层施工移动，不需要多次安装，在混凝土结构全部浇筑完成后一次性拆除。例如，滑升模板可以在每一层混凝土浇筑后进行滑升，水平移动式模板则可以在每一施工段完成后进行水平移动。

（3）永久式模板

在混凝土浇筑过程中，模板被固定在构件上，形成一体（如叠合板），无法后期拆除。

3. 按材料分类

按材料分类，模板可以分为木模板、钢模板、胶合板模板和塑料模板等。

4. 按工程部位分类

根据工程部位分类，模板可以分为基础模板、隧道模板、墙体模板和柱体模板等。

二、模板工程材料质量控制

（一）模板工程材料的选用

不同材料模板的优缺点及周转次数如表 3-8 所示。

表 3-8　不同材料模板的优缺点及周转次数

材质	优点	缺点	周转次数
木模板	容易加工，有保温性能和吸水性能	刚性差，易漏浆	3～4
钢模板	强度高，刚性好，易拆装，周转次数多	保温性差，易生锈	＞30
胶合板模板	使混凝土表面美观，较钢模板易加工	较钢模板使用次数少	4～5
铝合金模板	重量轻（约为钢模板的1/2），易拆装，不生锈	价格贵，较钢模板刚性差，易黏混凝土	＞50
塑料模板	重量轻，可做成任何形状	价较贵，不耐冲击，不耐火、热	＞20

（二）辅助材料

为了保护模板和拆模方便，要求在与混凝土接触的模板面涂刷隔离剂（或称脱模剂），采用优质且成本合理的隔离剂是改善混凝土结构构件的表面质量，并降低模板工程成本的重要举措。

1. 隔离剂的使用性能要求

①有出色的脱模效果。

②不对脱模的混凝土表面产生污损。

③为了避免对模板造成腐蚀，脱模剂需要同时承担防锈和保护的任务。

④涂敷过程简单易行，并且拆除模板后能轻松清理。

⑤在施工期间，不怕恶劣的天气条件，包括日晒和雨淋。

⑥在长时间的运输过程中，不会发生严重的离析或变质现象，质量稳定。

⑦所使用的脱模剂必须具有耐热性，因为一些混凝土构件有进行热养护的需要。

⑧所使用的脱模剂还应具有抗严寒性，因为有些施工会在冬季寒冷的气候条件下进行。

2. 脱模剂使用注意事项

①在使用脱模剂时，需要注意它与模板的兼容性。对于金属模板，应选择具有防锈和阻锈性能的脱模剂；对于塑料模板，应选择不会使其软化或变质的脱模剂。

②当需要考虑混凝土结构构件的最终饰面（如油漆、刷浆或抹灰等）要求时，应选择不会影响混凝土表面黏结的脱模剂。

③在施工时，必须考虑环境温度和气候条件。在冬季，应选择凝固点低于气温的脱模剂；在雨季，应选择能经受雨水冲刷的脱模剂。

④脱模剂的干燥时间应与施工工艺适配。有些脱模剂可以在刷涂后立即进行混凝土浇筑，其他一些脱模剂则需要等待干燥。因此，在选择脱模剂时，需要确保其干燥时间与施工工艺的要求相匹配。

⑤要考虑脱模成本。脱模剂的经济效益不仅与价格有关，还受到其他多种因素的影响，其经济效益应按单位质量价格／使用面积 × 使用次数进行对比来确定。

⑥在涂刷脱模剂之前，必须彻底清理模板表面上的尘土和混凝土残留物，以避免对脱模效果产生不良影响。涂刷脱模剂时，严禁脱模剂沾污钢筋与混凝土接槎处。

三、模板工程制作安装质量控制

（一）模板工程制作质量控制

模板制作的允许偏差如表 3-9 所示。

表 3-9　模板制作的允许偏差

项次	偏差名称	允许偏差 /mm
一、钢模、胶合模板及竹胶合模板		
1	小型模板：长和宽	±2
2	大型模板（长、宽大于 3m）：长和宽	+1，−2
3	大型模板对角线	±3
4	相邻两板面高差	1
5	两块模板间的拼缝宽度	1
6	模板侧面不平整度	1.5
7	模板面局部不平（用 2m 直尺检查）	2
8	连接配件的孔眼位置	±1
二、木模		
1	小型模板：长和宽	±3
2	大型模板（长、宽大于 3m）：长和宽	±5
3	大型模板对角线	±5
4	相邻两板面高差	1
5	局部不平（用 2m 直尺检查）	5
6	板面缝隙	2

注：异型模板（蜗壳、尾水管等）、滑动模板、移置模板、永久性模板等特种模板，其制作允许偏差，按有关规定和要求执行。

（二）模板工程安装质量控制

模板工程安装要遵循以下具体要求。

①模板安装前，应按设计图纸测量放样，重要结构应多设控制点，以有利于检查校正。

②支架应支承在坚实的地基上，并且应有足够的支承面积，斜撑应防止滑动。竖向模板和支架安装在基土上时应加设垫板，基土应坚实并有排水措施，湿陷性黄土应有防水措施，冻胀性土应有防冻融措施。

③现浇钢筋混凝土梁、板和孔洞顶部模板，跨度不小于4m时，模板应设置预拱；当结构设计无具体要求时，预拱高度宜为全跨长度的1/1000～3/1000。

④模板的钢拉杆不应弯曲，拉杆直径宜大于8mm，拉杆与锚固头应连接牢固。在下层混凝土中预埋的锚固件（螺栓、钢筋环等）必须具有足够的锚固强度，以确保在承受荷载时不会发生松动或脱落。

⑤混凝土和模板连接的面板，以及各块模板接缝处，应平整、密合，防止漏浆，保证混凝土表面的平整度和混凝土的密实性。

⑥建筑物分层施工时，应逐层校正下层偏差，模板下端应紧贴混凝土面。

⑦模板与混凝土的接触面应涂刷脱模剂，并避免脱模剂污染或侵蚀钢筋和混凝土，不应采用影响结构性能或妨碍安装工程施工的脱模剂。

⑧模板安装的允许偏差，应根据结构物的安全、运行条件、经济和美观等要求确定。

⑨钢承重骨架的模板，应按设计位置可靠地固定在承重骨架上，在运输及浇筑时不应错位。承重骨架安装前，宜先做试吊及承载试验。

⑩模板上，不应堆放超过设计荷载的材料及设备。在混凝土浇筑过程中，应遵循模板设计荷载的要求，严格控制浇筑顺序、速度及施工荷载。同时，必须及时清除模板上的杂物，以确保混凝土浇筑的质量和安全性。

⑪混凝土浇筑过程中，应安排专业人员负责模板的检查。对承重模板，应加强检查、维护。模板如有变形、位移，应及时采取措施，必要时停止混凝土浇筑。

第四节　渠道工程施工质量控制

工程量大、施工线路长、场地分散、施工工作面宽、可同时组织较多劳动力施工，但工种单纯、技术要求较低是渠道工程施工的特点。渠道开挖、渠堤填筑和渠道衬护是渠道工程施工的三种类型。下面分别阐述三种类型的渠道工程施工质量控制要求。

一、渠道开挖质量控制

（一）渠道开挖的施工方法

1.人工开挖渠道

（1）龙沟一次到底法

对于土质良好（如黏性土）、地下水流量小、挖掘深度在2～3m的渠道，可以采用龙沟一次到底法。首先，将龙沟一次性挖掘到设计高程以下0.3～0.5m；其次，以此为基础向两侧展开挖掘。

（2）分层开挖法

在土质较差且开挖深度较大的情况下，可以根据地形和施工条件的实际情况，采用分层开挖法。分层开挖法有助于更好地处理复杂的土质情况，同时也能够提高施工效率。

（3）边坡开挖与削坡

首先，需要挖掘出台阶的形状，并且台阶的高宽比需符合设计的坡度要求。其次，需要对挖掘出的台阶进行削坡。这种施工方法可以有效地减少削坡的方量，但是需要严格控制施工的过程。台阶的平台应当保持水平，其侧面应当与平台垂直，以避免产生较大的误差，从而有效地减少削坡的方量。

2.机械开挖渠道

（1）推土机开挖渠道

在进行渠道施工时，使用推土机进行开挖，其深度一般不超过1.5m，渠堤填筑高度不宜超过2m。同时，需要保持边坡不陡于1∶2的比例。推土机还可以用于平整渠底、清除植土层、修整边坡及压实渠堤等多种作业。

（2）铲运机开挖渠道

当需要将渠道部分或全部挖深后再填埋，并且可以就近找到弃土点时，使用铲运机进行开挖最为经济有效。另外，在需要将土方进行纵向调配，并且运输距离较短的情况下，也可以考虑使用铲运机进行开挖。

（3）反铲挖掘机开挖渠道

当渠道开挖较深时，宜采用反铲挖掘机开挖。采用反铲挖掘机开挖渠道，具有方便快捷、生产率高的特点。

3.爆破开挖渠道

开挖岩基渠道和盘山渠道时，宜采用爆破开挖法。爆破开挖渠道的顺序是先挖平台再挖槽。挖平台时，一般采用抛掷爆破，尽量将待开挖土体抛向预定地方，形成理想的平台。挖槽时，先采用预裂爆破或预留保护层，再采用浅孔小爆破或人工清边清底。

（二）渠道开挖施工质量控制

1.土方开挖与质量控制

（1）开挖阶段及顺序

根据施工图纸或监理人员的指示，主体工程的开挖应依次从上至下分层分段进行，禁止使用自下而上或倒悬的挖掘方法。为了方便排水，施工过程中应随时制作一定的坡度。在挖掘过程中，应避免在边坡稳定范围内形成积水。如果不能及时回填挖掘后岸坡上易风化崩解的土层，应保留一层保护层。

在每次开始开挖工程之前，应该充分利用永久性排水设施的布局，认真规划开挖区域内的临时排水措施。当开挖边坡遇到地下水渗流时，在边坡修理和加固之前，为了防止可能的水患影响工程质量和安全，必须采取有效的疏导和保护措施。为了防止雨水冲刷修整后的边坡，护面和加固工作应在雨季来临前完成。在冬季施工后，修整的边坡应在解冻后进行护面和加固工作。

在开挖土方的过程中，若发现裂缝或滑动迹象，应立即停止施工并采取紧急抢救措施，同时告知监理人员。如有必要，按照监理人员的指示设置观测点，及时观察边坡的变化情况，并做好相关文字、图片等记录。

（2）土方开挖前的质量检查和验收

土方开挖前，应该与监理人员一起进行以下各项的质量检查和验收。第一，原始地形测量剖面的核实与检查，这是计算土方开挖量的依据。第二，按照施工图纸所标示的工程建筑物开挖尺寸，进行开挖剖面的测量放样成果的检查。经过监理复核和签字确认后，该开挖剖面的测量放样成果将作为工程量计量的依据。第三，按照施工图纸进行开挖区周围排水和防洪保护设施的质量检查和验收。

（3）土方开挖过程中的质量检查

在进行土方挖掘时，承包人必须定期测量校正开挖平面的尺寸和标高，确保符合施工图纸的规范。同时，还需要监测开挖边坡的坡度和平整度，以确保施工过程的安全。所有的测量数据都会被整理成报告并提交给监理单位。

（4）土方明挖工程完成后的质量检查和验收

在土方明挖工程完成后，应与监理人员共同进行以下各部分的质量检查和验收：①检查基础开挖面的平面尺寸、标高和建基面平整度是否符合施工图纸要求；②提取土壤样本，检测基础土的物理力学性质指标。基础检查清理与砌体填筑前的基础清理作业是两次具有不同目的和性质的检验任务，因此在没有取得监理人员同意的情况下，不能合并这两次作业。

（5）永久边坡的检查和验收

要对永久边坡的坡度和平整度进行复测检查，以确保它们符合设计要求和安全标准。同时，也需要对边坡永久性排水沟道的坡度和尺寸进行复测检查，以防止发生任何潜在的排水问题。

（6）砌体填筑前基础面的质量检查和验收

对基础面进行检查清理后，必须确保基础面不存在积水或流水，以避免对基础面土壤造成扰动。作为永久建筑物土基的基础开挖面，必须清除表面的松软土层或采用监理人员批准的施工方法进行压实后才可以填筑。对于受积水侵蚀软化的土壤，应予以彻底清除。

2. 石方开挖与质量控制

渠道的石方开挖主要是采用爆破法，药包可根据开挖断面的大小沿渠线布置成一排或几排。当渠底宽度比深度大 2 倍以上时，应布置 2～3 排以上的药包，但最多不宜超过 5 排，以免爆破后回落土方过多。当布置 1～2 排药包时，药包的爆破作用指数 n 可采用 1.75～2。当布置 3 排药包时，药包应布置成梅花形，中间一排药包的装药量应比两侧的大 25% 左右，并且采用延迟爆破以提高爆破和抛掷效果。

二、渠堤填筑施工质量控制

在修建堤坝时，最好选择稍微含有砂质的黏土作为筑堤材料。如果有多种土壤原料可供选择，应该将透水性较差的土壤填筑在迎水坡，而将透水性较好的土壤填筑在背水坡。土料必须纯净，不得掺有任何杂质，并且需要保持一定的湿度，以便进行压实。

填方渠道的取土坑应远离堤脚，挖土的深度不应超过 2m，取土宜先远后近。半挖半填式渠道应尽量利用挖方筑堤，只在土料不足或土质不适用时取用坑土。首先，在铺土前，应该清理并稍微平整基面。其次，进行刨毛处理，以增强土壤的附着力和渗透性。再次，将厚度为 20～30cm 的土壤铺在基面上，并确保铺平铺匀。每层的铺土宽度应略大于设计宽度，填筑高度可预加 5% 的沉陷量，这样可以避免在边缘出现土壤不足的情况。

三、渠道衬护施工质量控制

（一）砌石衬护

在沙砾石地区，由于坡度大且渗漏性强的特点，采用浆砌卵石衬护是一种经济实用的抗冲刷和防渗透措施。这种材料不仅方便就地取材，还具有良好的抗磨能力和抗冻性能。在施工时，首先要按照设计要求铺设垫层，其次进行卵石砌筑。卵石砌筑的基本要求是使卵石的长边与边坡方向垂直，并确保砌筑紧密、平整，卵石之间保持错缝，最后将其安放在垫层上。为了防止砌面遭到局部破坏，要在每隔 10～20m 的地方用大型卵石砌成一道隔墙。对于渠坡上的隔墙，可以将其砌成平直形；对于渠底上的隔墙，可以将其砌成拱形，其拱顶朝向水流方向，以增强其抗冲刷能力。此外，可以通过确定渠道可能的冲刷深度来决定隔墙的深度。

（二）混凝土衬护

由于混凝土衬护具有糙率低、强度高及易于管理等优点，因此被广泛应用。目前，渠道混凝土衬砌多采用板形结构，但小型渠道也采用槽形结构。素混凝土板常用于水文地质条件较好的渠段；钢筋混凝土与预应力钢筋混凝土板则用于地质条件较差和防渗要求较高的重要渠段。混凝土板可分为矩形板、楔形板等不同类型，这些板的截面形状各异。在无冻胀地区，可以使用矩形板来修建各种渠道；在冻胀地区，楔形板则更为常见。

在大型渠道的施工过程中，就地浇筑混凝土衬砌是一种常见的做法。在渠道开挖和压实处理之后，首先需要设置排水系统，其次铺设垫层。在此基础上，才能进行混凝土的浇筑。对渠底进行浇筑时，可采用跳仓法，也可依次连续浇筑。在渠坡分块浇筑过程中，先固定好两侧的模板，再随着混凝土的增高，边浇筑边安装表面模板。当渠坡较缓时，使用表面振动器对混凝土进行捣实时，不需要安装表面模板。在浇筑中间块时，应按规定的伸缩缝宽度设置两边的接缝板。在混凝土凝固后，应拆除这些接缝板，以便填充沥青油膏等填缝材料。装配式混凝土衬砌是在预制场中制作混凝土板，然后运至现场进行安装和填充填缝材料。混凝土板的尺寸应当与起吊运输设备的承载能力相匹配，以避免超载带来的安全隐患。此外，装配式混凝土衬砌的施工受气候条件的影响相对较小，这使得这种施工方法更加可靠，在已运用的渠道上施工，可减少施工与放水间的矛盾。但是，装配式混凝土衬砌的接缝较多，防渗和抗冻性能差，一般在中、小型渠道中采用。

（三）沥青材料衬护

沥青材料具有良好的不透水性，一般可减少渗漏量的90%以上，并具有抗碱类物质腐蚀能力，其抗冲刷能力则随覆盖层材料而定。沥青材料的渠道衬护包括沥青薄膜和沥青混凝土两类。在施工过程中，沥青薄膜类衬护可以根据施工方法的不同分为现场浇筑和装配式两种。现场浇筑又可以分为喷洒沥青和沥青砂浆两种具体方式。

（四）钢丝网水泥衬护

钢丝网水泥衬护是一种无模化施工。其结构为柔性的，适应变形能力强，在渠道衬护中有较广阔的应用前景。钢丝网水泥衬护的施工方法是，在平整的基底（渠底或渠坡）上铺设小间距的钢丝，然后涂抹水泥砂浆或喷浆，其操作简单易行。

（五）塑料薄膜衬护

塑料薄膜衬护具有效果好、适应性强、质量轻、运输方便、施工速度快和造价较低等优点。用于渠道防渗的塑料薄膜厚度以0.15～0.3mm为宜。塑料薄膜的铺设方式有表面式和埋藏式两种。表面式是将塑料薄膜铺于渠床表面，其缺点是薄膜容易老化和遭受破坏。埋藏式是在铺好的塑料薄膜上铺筑土料或砌石作为保护层，保护层厚度一般不小于30mm。由于塑料薄膜表面光滑，为保证渠道断面的稳定性，避免发生保护层滑塌，渠床边坡宜采用锯齿形。

塑料薄膜衬护的渠道施工过程大致可分为渠床开挖和修整、塑料薄膜加工和铺设、保护层填筑。铺设薄膜前，应在渠床表面加水湿润，以保证薄膜紧密地贴在基土上。铺设薄膜时，应将成卷的薄膜横放在渠床内，一端与已铺好的薄膜进行焊接或搭接，并在接缝处填土压实，此后即可将薄膜展开铺设，然后填筑保护层。填筑保护层时，渠底部分应从一端向另一端进行，渠坡部分则应自下向上逐渐推进，以排除薄膜下的空气。保护层分段填筑完毕后，再将塑料薄膜的边缘固定在顺脊背开挖的堑壕里，并用土回填压紧。塑料薄膜的接缝可采用焊接或搭接，搭接时为避免接缝漏水，上游塑料薄膜应搭在下游塑料薄膜之上，搭接长度为50cm，也可用连接槽搭接。

同时，为了保障渠道工程的施工质量，应注意以下几点。

①按照国家测绘标准和工程精度要求，合理配备测量人员、仪器和设备，建立施工控制网；通过及时使用放样技术绘制出开挖轮廓线，并对坡面进行复核检

查，确保施工过程中的精度控制。

②及时采取措施对开挖的边坡进行防护，以确保边坡的稳定性和可靠性；同时，在施工期间加强对边坡变形的监测，并根据监测结果调整开挖和防护方案，以确保边坡开挖施工的安全和高质量。

③强化质量过程控制，每班配置跟班技术员，实行当班技术员及带班人员负责制。

④加强现场测量管理，测量人员跟班进行开挖区中心线控制、挖宽控制、挖深控制和边坡控制。

⑤工程开工前对现场施工人员进行技术培训，提高现场施工人员技术水平和质量意识。

第五节　地基处理工程施工质量控制

水利工程的地基处理工程施工质量控制主要包括换土地基的质量控制、强夯和预压地基的质量控制两个方面的内容。

一、换土地基的质量控制

换土地基的质量控制主要包括灰土地基的质量控制、砂和砂石地基的质量控制和土工合成材料地基的质量控制等。以下展开论述。

（一）灰土地基的质量控制

①应选用符合设计要求的灰土土料、石灰或水泥等材料，并确保配合比正确。灰土应充分搅拌，确保均匀性。不宜使用冻土、膨胀土和盐渍土等性质活跃的土料。用于灰土的土料以黏土和粉质黏土为宜。

②在施工过程中，应进行分层铺设厚度的检查，控制分段施工时上下两层的搭接长度，监督夯实时的加水量，记录夯压遍数，并测定压实系数。验槽发现有软弱土层或孔穴时，应挖除并用素土或灰土分层填实。最优含水量可通过击实试验确定。

③施工结束后，应检验灰土地基的承载力。

（二）砂和砂石地基的质量控制

①砂、石等原材料质量、配合比应符合设计要求，砂、石应搅拌均匀。原材

料宜用中砂、粗砂、砾石、碎石（卵石）、石屑。细砂应同时掺入25%～35%的碎石或卵石。

②在施工期间，需要定期检查分层厚度，并密切关注分段施工时搭接部分的压实情况。此外，还要关注加水量和压实系数，以确保施工过程的质量和效果。

③施工结束后，应检验砂石地基的承载力。

竣工后的灰土地基、砂和砂石地基、土工合成材料地基等必须达到设计要求的标准，以确保地基的强度或承载力符合规定。对于检验的数量，每个单位工程至少3个点；1000m以上的工程，每100m不应少于1个检验点；3000m以上的工程，每300m至少应有1个检验点。此外，每一个独立的基础至少应有1个检验点，而基槽每20延长米应有1个检验点。

（三）土工合成材料地基的质量控制

①施工前应对土工合成材料的物理性能（单位面积的质量、厚度、比重）、强度、延伸率，以及土、砂石料等做检验。土工合成材料以100m为一批，分批进行抽查。所用土工合成材料的品种与性能、填料土类，应根据工程特性和地基土条件，通过现场试验确定，垫层材料宜用黏性土、中砂、粗砂、砂砾、碎石等内摩阻力高的材料。如工程要求垫层排水，垫层材料应具有良好的透水性。

②施工过程中应确保清基工作的进行、回填料的正确铺设、土工合成材料方向的确认、搭接长度或缝接状况的检验，以及土工合成材料与结构连接状况的检验。土工合成材料如用缝接法或胶接法连接，应保证主要受力方向连接强度不低于所采用材料的抗拉强度。

③施工结束后，应进行承载力检验。

二、强夯和预压地基的质量控制

（一）强夯地基的质量控制

①在开始施工之前，要检查夯锤的重量和大小，确保落距控制设备的有效性，以及排水设施的完备性。然后，可以使用强夯法来处理碎石土、砂土、低饱和度的粉土与黏性土、湿陷性黄土、杂填土及素填土等地基。在进行施工前，必须要对周围的建筑物进行调查，并采取必要的防振或隔振措施，以避免强夯振动对其产生影响。强夯的影响范围为10～15m，应该从邻近的建筑物开始夯击，然后逐渐向更远的地方移动。

②在施工期间，需要检查落距的准确性，确保夯击遍数达到规定要求，核实

现场夯点位置是否符合设计要求，并确认夯击范围是否符合施工方案。如无经验，宜先试夯取得各类施工参数后再正式施工。对于透水性差、含水量高的土层，建议在进行前后两遍夯击时设置一般为 2～4 周的间歇期。夯点的范围应比需要加固的区域大，通常是加固深度的 1/2～1/3，并且不少于 3m。同时，有效的排水措施在施工过程中是十分有必要的。

③施工结束后，检查被夯地基的强度并进行承载力检验。质量检验应在夯后一定的间歇之后进行，一般为两周。

（二）复合地基工程的质量控制

土和灰土挤密桩复合地基的质量控制如下。

①施工前对土及灰土的质量、桩孔放样位置等做检查。施工前应在现场进行成孔、夯填工艺和挤密效果试验，以确定填料厚度、最优含水量、夯击次数及干密度等施工参数质量标准。成孔顺序应先外后内，同排桩应间隔施工。填料含水量如过大，宜预干或预湿处理后再填入。

②在施工过程中，桩孔的直径、深度、夯击次数及填料的含水量是需要进行严格控制和检查的。

③在施工结束时，需要检查成桩的品质及地基的承载力。

（三）桩基础（混凝土灌注桩）施工质量控制

①施工前应对水泥、砂、石子、钢材等原材料进行检查。

②在施工全过程中，需要逐一检查成孔、清渣、放置钢筋笼、灌注混凝土等步骤。另外，对于人工挖孔桩来说，还需要再次确认孔底持力层的土或岩的性质。嵌岩桩必须有桩端持力层的岩性报告。沉渣厚度应在钢筋笼放入后、混凝土浇筑前测定，成孔结束后，放钢筋笼、混凝土导管都会造成土体跌落，增加沉渣厚度。因此，沉渣厚度应是二次清孔后的结果。目前，沉渣厚度的检查均用重锤检验。

③混凝土强度检测和桩体质量与承载能力检验应在施工结束后进行。

④每浇筑 50m 的混凝土必须有 1 组试件，小于 50m 的桩，每根桩必须有 1 组试件。

第四章 水利工程质量评定、验收与检测

水利工程质量不仅影响国民经济建设的运行质量，还直接关系到人民生命财产的安全，甚至会影响社会的安定团结。特别是随着大型、特大型水利建设工程的实施，水利工程质量问题已成为社会关注、人民群众关心的热点和焦点。本章围绕水利工程质量的评定、水利工程质量的验收和水利工程质量的检测展开研究。

第一节 水利工程质量的评定

质量评定的过程是基于某一特定的质量评估标准和方法，通过对比实际施工质量来确定所评估水利工程的质量等级。为了确保水利工程的施工品质符合设计及合同规定，同时量化施工单位的施工质量水平，需要进行水利工程的评优和创优工作。在工程交工和正式验收之前，对工程质量的评估需要按照合同要求及国家有关水利工程质量评定的标准和规定展开。这将有助于判断工程是否符合合同要求、是否符合验收标准，并以此为依据进行评优。

一、水利工程质量评定依据

水利工程质量评定主要依据以下四个方面。

一是根据评定标准及国家与水利水电行业相关的施工规定、规范和技术标准。

1996年9月，水利部颁发了《水利水电工程施工质量评定规程（试行）》（SL176—1996）。

1999年，为应对1998年大水后严峻的堤防工程建设任务形势，水利部针对性地颁发了《堤防工程施工质量评定与验收规程》（SL239—1999），进一步规范了水利水电工程施工质量评定和检测标准。

2002 年，水利部颁发了《水利水电工程施工质量评定表填表说明与示例（试行）》，它不仅涵盖了评定表的所有内容及表格，还包括了《堤防工程施工质量评定与验收规程》（SL239—1999）中的评定表格和新补充的表格内容。

2007 年，为了更进一步规范参建各方质量行为，促进施工质量检验与评定工作标准化、规范化，水利部对《水利水电工程施工质量评定规程（试行）》（SL176—1996）进行了修订，颁布了《水利水电工程施工质量检验与评定规程》（SL176—2007）。

二是经过审批的设计文件、施工图纸、金属结构设计图样与技术规定、设计修改告知书、厂家提供的设备安装说明书及相关技术文档。

三是工程承发包合同中采用的技术标准。

四是工程试运行期的试验数据及观测分析结果。

二、水利工程质量评定工作

在工程施工期间，施工单位应根据质量监督机构核定的项目划分标准，及时对单元工程进行质量评估。评定过程中，应严格遵循《水利水电基本建设工程单元工程质量等级评定标准》对工序及单元工程质量进行检查，并做好施工情况记录。这就要求施工单位质量检查人员及时收集资料，及时填写单元工程质量评定表，做到实事求是，尽量以数据说话。

施工单位的质量检验部门负责评定单元工程质量，建设（监理）单位则对其进行复核。对于隐蔽工程和关键部位，施工单位在自检合格后，需要邀请建设（监理）单位、质量监督机构等组成联合小组，共同对其质量等级进行确定。

在施工单位的质量控制部门完成自我评估后，分部工程的质量评定将由建设单位或监理单位进行进一步复核。经过一系列的审核和评估后，最终的评定结果将提交给质量监督机构进行审查和核定。在确定大型枢纽主体建筑物的分部工程质量等级时，需要提交给质量监督机构审查并核定。单位工程的质量评定，首先由施工单位进行自我评估，其次由建设单位或监理单位进行复核，最后提交给质量监督机构进行核定。

在单位工程完工后，质量监督机构负责召集建设（监理）、施工等单位组成外观质量评估团队，前往现场进行检验和等级评定。参与外观质量评估的应是具备工程师或以上技术职称的专业技术人员。对于非大型工程，外观质量评估团队的人数应不少于 5 人；对于大型工程，外观质量评估团队的人数应不少于 7 人。在对工程进行外观质量评定时，质量监督机构应事先通知建设单位，由建设单位负责召集工作。例如，专业性较强的工程，在正式进行外观质量评估前，可以委托质量检验机构对工程项目的外观尺寸进行实测实量，并把实测实量的结果作为外观质量评估团队评定的依据。质量监督机构做出的单位工程质量评定是进行工程项目质量等级核定的基础。在工程项目竣工验收前，质量监督机构需要准备一份关于工程质量评定的报告，并提出一个关于提升工程项目质量等级的建议，以供竣工验收委员会参考。

三、水利工程质量评定标准

（一）单元工程质量评定标准

当单元工程质量达不到合格标准时，需要快速处理。单元工程质量等级的确定，需要遵循以下原则。

①对那些需要全部返工重做的项目，可以重新评定其质量等级。

②对于那些经过加固补强并经过严格鉴定，能够达到设计要求的，其质量也仅能被评为合格。

③如果经鉴定发现建筑物不符合设计要求，但建设（监理）单位认为其基本满足安全和使用功能要求，那么可以不进行补强加固。然而，如果经过补强加固后，外形尺寸发生了改变或造成了永久性缺陷，但建设（监理）单位认为这仍然能基本满足设计要求，那么该建筑物的质量可以按合格处理。

（二）分部工程质量评定标准

分部工程质量合格的条件包括：①单元工程质量全部合格；②中间产品质量及原材料质量全部合格，金属结构及启闭机制造质量合格，机电产品质量合格。

分部工程质量优良的条件包括：①单元工程质量全部合格，其中有50%以上达到优良，主要单元工程、重要隐蔽工程及关键部位的单位工程质量优良，并且未发生过质量事故；②中间产品质量全部合格，其中混凝土拌和物质量达到优良，原材料质量、金属结构及启闭机制造质量合格，机电产品质量合格。

（三）单位工程质量评定标准

单位工程质量合格的条件包括：①所有的分部工程质量都达到合格标准；②金属结构及启闭机制造质量合格，中间产品质量及原材料全部达到合格等级，机电产品质量合格；③外观质量得分率至少达到70%以上；④施工质量检验资料没有残缺，基本齐全。

单位工程质量优良的条件包括：①所有分部工程质量达到合格标准，其中优良率达到八成以上，主要分部工程质量优良，并且无重大质量事故；②中间产品质量全部达到标准，其中混凝土拌和物质量达到优良等级，原材料质量、金属结构及启闭机制造质量达标，机电产品质量合格；③外观质量得分率至少达到85%；④施工质量检验资料没有残缺，基本齐全。

（四）总体工程质量评定标准

单位工程质量全部合格，工程质量可评为合格；如全部单位工程中五成以上的质量被评定为优良，并且主要建筑物单位工程质量优良，则工程质量可评为优良。

第二节　水利工程质量的验收

一、水利工程质量验收概述

水利工程质量验收是基于工程质量评估，以预设的验收标准为依据，通过采用特定方法来检验工程产品的特性是否满足验收标准的过程。质量验收的目标是确保工程严格遵循批准的设计方案进行建设，并检查已完成的工程在施工、设计、设备制造和安装等方面的质量。此外，验收过程中还会对发现的问题提出处理要求，以促进工程的顺利完成，检查项目是否具备运行或进入下一阶段的条件，总结建设过程中的经验教训并评估项目的整体效果，确保及时移交工程，以最大限度地发挥投资效益，实现早日回报。

验收工程所依据的因素包括：有关法律、规章和技术标准，主管部门的有关文件，批准的设计文件和相应的设计变更、修订文件，施工合同，监理单位签发的施工图纸和说明，以及设备的技术说明书。当工程达到验收标准时，应当及时进行验收。未经验收或验收不合格的工程不得投入使用或进行后续施工。为了确保验收工作的顺利进行，应当保持各个验收环节的相互衔接，避免重复验收。

在工程验收过程中，质量评定意见是必需的。在阶段验收和单位工程验收中，水利工程质量监督单位应提供工程质量评价意见。在竣工验收中，水利工程质量监督单位出具的工程质量评定报告是必要性内容，竣工验收委员会所确定的工程质量等级需要在此基础上评定。

二、水利工程质量验收原则

水利工程质量验收在组织上应遵照分级管理的原则，按照工程项目的隶属关系，由与其相应的水行政主管部门主持。

①中央负责投资和管理的水利项目，由水利部或其授权的流域机构主持。

②中央投资并由地方管理的项目，由水利部或其授权的流域机构与地方政府或省级水行政主管部门共同主持。一般情况下，验收委员会的主任委员由水利部或其授权的流域机构代表担任。

③中央和地方合资建设的项目，由水利部或其授权的流域机构主持。

④地方政府或水行政主管部门负责规划和管理的项目，通常由地方政府主持。

⑤地方与地方合资建设的项目，由合资各方共同主持，并且验收委员会的主任委员通常由主要投资方代表担任。

⑥多渠道集资兴建的甲类项目，由当地水行政主管部门主持。乙类项目则主要由出资方主持，但水行政主管部门应派代表参与。

甲类项目以社会效益为主，公益性较强，通常包括防洪除涝、农田灌排骨干工程、城市防洪、水土保持、水资源保护等。乙类项目以经济效益为主，兼有一定社会效益，通常包括供水、水力发电、水库养殖、水上旅游及水利综合经营等。

⑦国家重点工程按国家有关规定执行。

三、水利工程质量验收分类

按照验收主持单位的性质，水利工程质量验收可分为法人验收和政府验收两种形式。由项目法人主导的验收被称为法人验收，它是政府验收的基石。由相关人民政府、水利部门或其他有关部门负责组织的验收被称为政府验收，其可以被划分为专项验收、阶段验收和竣工验收三种类型。

（一）法人验收

工程建设完成分部工程、单位工程、单项合同工程，或者中间机组启动前，应当组织法人验收。根据工程建设的需要，项目法人可以增设法人验收环节。

①项目法人应当自工程开工之日起 60 个工作日内，制订法人验收工作计划，报法人验收监督管理机关和竣工验收主持单位备案。

②在完成相应工程后，施工单位应向项目法人提出验收申请。如果项目法人经过检查后认为建设项目具备相应的验收条件，应尽快安排验收。

③项目法人负责主持法人验收。验收工作组由项目法人、设计、施工、监理等单位的代表组成。在必要的情况下，可以邀请参建单位以外的代表及专家参与。监理单位可以被项目法人委托来主持分部工程的验收，并且应该在监理合同或委托书中明确相关委托的权限。

④对于分部工程验收的质量评估，应向该项目的质量监督机构提交核备。未经核备的，项目法人不得进行下一阶段的验收。在单位工程和大型枢纽主要建筑物的分部工程验收过程中，必须将质量结论报送给质量监督机构进行核定。如果未经该机构的核定，项目法人就无法通过法人验收。如果核定结果不合格，项目法人需要重新进行验收。自收到核定材料之日起20个工作日内，质量监督机构应当完成核定。

⑤在法人验收通过之日起30个工作日内，项目法人应当制作法人验收鉴定书，备案至法人验收监督管理机关并发送给参加验收的单位。在单位工程投入使用验收和单项合同工程完工验收过程中，项目法人需要与施工单位办理工程交接手续，并保留政府验收所需的法人验收鉴定书资料。

从单项合同工程完工验收之日算起，保修期将按照合同条款中的约定来定义。

⑥当达到以下三个条件时，承包人可以要求发包人和监理人员进行验收。

第一，承包人已经完成了合同范围内的全部单位工程及相关的工程任务（除在保修期内由监理人员统一安排的尾工项目外）。

第二，已经备齐了一系列完工资料，确保符合合同规定。这些资料详细记录了工程实施情况和重要事件，以及已完工程的移交清单，其中包括工程设备。还需要提供永久工程竣工图，并列出保修期内将继续施工的尾工工程项目清单。此外，列出尚未完成的缺陷修复工作清单。为完善报告，还需要收集施工期间的观测资料，包括监理人员指示应列入完工报告的各类施工文件、原始施工记录（包括图片和录像资料）及其他必要的完工资料。

第三，已经按照监理人员的要求编制了一份详细的尾工工程项目清单，其中包含了在保修期内需要完成的工程任务。此外，还需要提供未修补的缺陷项目清单及相应的施工措施计划。

⑦验收流程如下。

第一，在提交完工验收申请报告时，承包人应附上完整的完工资料，以便进行审查。

第二，在收到承包人提交的完工验收申请后，监理人员将对其进行全面审核。

如果监理人员审核后发现工程存在重大缺陷，可以拒绝进行完工验收，或者在收到申请报告后 14 天内通知承包人推迟完工验收。此时，应在通知中指出在完工验收前应完成的工程缺陷修复和其他工作内容及要求，并将申请报告退还给承包人。待满足条件后，承包人应重新提交申请报告。

如果监理人员在审核过程中对报告或报告中的工程项目或工作内容有任何异议，必须在收到申请报告的 14 天内将意见通知承包人。承包人应在收到上述通知后的两周内重新提交修改后的完工验收申请报告，直到监理人员认为不存在任何异议为止。

第三，监理人员在审核报告后认为工程已达到完工验收的标准时，应该尽快提请承包人进行完工验收。通常，这个过程发生在收到申请报告后的 28 天内。承包人应在提交完工申请报告后的 56 天内收到发包人签署的工程移交证书。在移交证书中，应详细注明经过监理人员与发包人和承包人共同确定的工程实际完工日期。同时，该日期也被视为工程保修期的开始日。

工程如果经监理人员确认已满足完工验收要求，但是由于非承包人原因，而是因为发包人或发包人员雇用的其他人的责任等，导致完工验收无法进行，那么应当由发包人或经授权的监理人员开展初步验收，同时签发临时移交责任书。如果工程在正式完工验收时发现不符合合同要求，承包人需要按照监理人员的指示完成缺陷修复工作，发包人需要承担因此产生的额外费用。承包人还要承担修复费用。

如果由于承包人或监理人员的原因导致验收不及时，或者在验收合格后不颁发工程移交证书，则从承包人发出申请报告的第 56 天的次日起，工程保管费用应由发包人支付。

（二）政府验收

1. 专项验收

枢纽工程导（截）流或水库下闸蓄水等阶段验收前，涉及移民安置的，应当完成相应的移民安置专项验收。

环境保护、水土保持、移民安置及工程档案等专项验收应当在工程竣工前按照相关规定进行。如果获得相关部门的批准，这些专项验收可以与竣工验收一起进行。

项目法人应在收到专项验收成果文件之日起 10 个工作日内，将专项验收成果文件报送竣工验收主持单位备案。专项验收成果文件是阶段验收或竣工验收成果文件的组成部分。

2. 阶段验收

工程建设进入枢纽工程导（截）流、水库下闸蓄水、引（调）排水工程通水或首（末）台机组启动等关键阶段，应进行阶段验收。

阶段验收的验收委员会包括验收主持单位、项目质量监督机构和安全监督机构、运营管理单位的代表及行业专家。在必要的情况下，地方人民政府和相关部门也应被邀请参加。工程参建单位是被验收单位，应派代表参加阶段验收工作。

针对大型水利工程，可以根据需要在进行阶段验收之前进行竣工技术预验收；水库下闸蓄水验收前，项目法人必须按照相关规定完成蓄水安全鉴定。

验收主持单位应制作阶段验收鉴定书，并将其发送给参加验收的单位，同时报送竣工验收主持单位备案。该项工作应当在阶段验收通过之日起 30 个工作日内完成。阶段验收鉴定书是竣工验收的补充资料。

3. 竣工验收

竣工验收应当在工程建设项目全部完工并满足相应的运行条件后 1 年内进行。在无法按照预定时间进行竣工验收的情况下，经主持竣工验收的相关单位的同意，可以将验收期限适度延长，但是最长不得超过 6 个月。如果竣工验收超过期限仍无法进行，项目法人需要提交专题报告至竣工验收主持单位。

竣工验收主持单位负责审查和审计竣工财务决算。竣工财务决算审计通过15 日后，方可进行竣工验收。

工程具备竣工验收条件的，项目法人应提出竣工验收申请，经法人验收监督管理机关审查后报竣工验收主持单位。在收到申请的 20 个工作日内，竣工验收主持单位应做出是否同意进行竣工验收的决定。

原则上，竣工验收应遵循经批准的初步设计所确定的标准和内容。如果项目包含单项工程初步设计，也可以先进行单项工程竣工验收，最后按照总体初步设计进行总体竣工验收。如果项目有总体可行性研究但无总体初步设计而有单项工程初步设计的，竣工验收应按照单项工程初步设计的标准和内容进行。对于由于建设周期长或其他原因无法继续实施的项目，可以按照单项工程或分期的方式对已完成的部分工程进行竣工验收。

竣工技术预验收和竣工验收是竣工验收的两个阶段。

大型水利工程在竣工技术预验收前，项目法人应当按照有关规定对工程建设情况进行竣工验收技术鉴定。中型水利工程在竣工技术预验收之前，竣工验收主持单位可以根据需要决定是否进行竣工验收技术鉴定。

由竣工验收主持单位及有关专家组成的技术预验收专家组负责竣工技术预验收工作。

工程参建单位应安排代表参加技术预验收，汇报并解答有关问题。

竣工验收委员会由竣工验收主持单位、有关水行政主管部门和流域管理机构、相关地方人民政府和部门、该项目的质量监督机构和安全监督机构、工程运行管理单位的代表及有关专家组成。此外，工程投资方代表也可以参加。

根据竣工验收的要求，竣工验收主持单位可以委托具有相应资质的工程质量检测机构对工程质量进行检测。

项目法人全面负责竣工验收前的各项准备工作，设计、施工、监理等工程参建单位应做好相关验收的准备和配合工作，派出代表参加竣工验收会议，解答验收委员会提出的疑问，并作为被验收单位在竣工验收鉴定书上签字。

竣工验收主持单位应当自竣工验收通过之日起30个工作日内，制作竣工验收鉴定书，并发送给相关单位。竣工验收鉴定书是项目法人完成工程建设任务的凭据。

4.验收遗留问题处理与工程移交

项目法人和其他有关单位应当按照竣工验收鉴定书的要求，妥善处理竣工验收遗留问题，并完成剩余的工程任务。验收遗留问题处理完毕和剩余的工程任务完成并通过验收后，项目法人应将处理情况和验收成果报送竣工验收主持单位。

项目法人和工程运行管理单位不同的，工程通过验收后，办理移交手续。工程移交后，项目法人和其他参建单位应当按照法律法规的规定和合同约定，承担后续的质量责任。若项目法人已撤销，责任将由撤销该项目法人的部门承担。

第三节　水利工程质量的检测

一、水利工程质量检测概述

为了确保水利工程的施工质量符合规定要求，需要进行水利工程质量检测。这种检测涉及使用特定手段和方法来测量工程施工过程中的质量特性，然后将测量结果与规定的质量标准进行比较。基于比较结果，可以判断施工质量是否达到标准，从而确定其优良程度或是否需要进一步改进。因此，为了保证工程施工质量，需要进行科学的质量检测。

在水利工程建设过程中，质量的形成是动态而复杂的。由于各种波动因素的作用，工程施工质量会出现不同程度的波动。当这种波动超过允许的界限值时，就会产生不合格的工程。针对这种情况，需要采取相应的措施来减少或避免质量波动，以确保水利建设工程的施工质量。为了将工程施工质量的波动限制在允许的界限值内，不仅需要对原材料、配件和设备的质量进行检查，还需要对施工过程中的质量进行检查。通过这些检查，可以收集必要的工程施工质量信息，以便采取适当的纠正措施并防止问题再次发生，从而确保工程施工的质量符合规定的要求。这就要求施工单位搞好"三检制"（初检、复检、终检）建设，监理单位做好抽查、控制和复核工作。

二、水利工程质量检测的方法

（一）质量检验

施工承包人应建立内部质量检验制度，制订详细的检验计划，并严格执行施工质量"三检制"，进行全面的施工过程质量控制。

1. 质量检验的内涵

质量检验是指通过观察和判断，适当结合测量、试验所进行的符合性评价。

质量检验活动主要包括：一是明确对检验对象的质量指标要求；二是按照规范测试产品的质量特性指标；三是分析测试所得指标是否符合要求；四是对不符合质量要求的测试产品提出处理意见。

2. 质量检验的目的

质量检验的目的主要包括：①判断工序是否正常；②判断工程产品、原材料的质量特性是否符合规定要求；③及时发现并及时处理质量问题。

（二）抽样检验

从检验的数量角度来看，质量检验有全数检验、抽样检验和免检三种方式。当产品数量较少、检验成本较低，或者稍有缺陷就会造成巨大损失时，通常会采用全数检验。然而，在通常情况下，抽样检验更为常见。

1. 抽样检验的概念

抽样检验是一种统计学方法，它从批量或生产过程中随机选取样本，并利用这些样本对批量或生产过程的质量进行检验。

2.抽样检验的类型

按照不同的方式，抽样检验可分为多种类型，如表4-1所示。

表4-1 抽样检验按照不同的方式分类

类型	具体内容
验收性抽样检验	从一批产品中随机抽取部分产品进行检验，来判断这批产品的质量
监督抽样检验	由政府主管部门、行业主管部门进行检验，其主要目的是对各生产部门进行监督
预防性抽样检验	为了预测和控制工序质量，可以在生产过程中对产品进行检验，以检查生产过程是否稳定正常

按照单位产品的质量特征，抽样检验分为以下几种。

①计数抽样检验。计数抽样检验是指判断一批产品是否合格，只用到样本中不合格数目或缺陷数。其又分为计件和计点两种。计件是指测量某些属性的件数，如不合格品的件数。相比之下，计点更常用于描述产品的外观特征，如混凝土表面的蜂窝和麻面数量。

②计量抽样检验。计量抽样检验是指通过对从一批产品中随机抽取的样本进行测量，根据样品中每个单位产品的特定特征来判断该批次产品是否合格。

3.抽样检验的方法

抽样检验应当以随机原则为基础，确保样本能够反映群体的各个方面，并且每个样本的选择机会应该是平等的。在工程中，通常采用以下几种抽样检验方法。

（1）分层随机抽样

将总体（批）分成若干层次，尽量使层内均匀。分层随机抽样常常遵循以下规则。

操作人员：根据现场情况划分、根据工作时间划分、根据操作人员的经验划分。

机械设备：根据使用的机械设备划分。

材料：根据材料的种类划分、根据材料的进货时间划分。

加工方法：根据生产工艺划分、根据安装技术划分。

时间：根据上午、下午、夜间的生产时间划分。

分层随机抽样常常用于建筑工程的工序质量检验，以及散装材料的验收检验，如水泥、砂、石等。

（2）两级随机抽样

当许多产品被放置在箱子中并且组成一个批次时，可以首先对一些箱子进行随机抽样，将这些挑选出的箱子作为第二级样本。然后，在第二级样本中，可以进一步对每个箱子中的产品进行随机抽样。

（3）系统随机抽样

在难以对总体进行随机抽样的情况下，如在连续生产过程中或对连续体的产品进行取样时，可以通过设定一定的间隔来实施抽样。

三、水利工程质量检测的意义

搞好水利工程质量，是党和政府为人民群众办实事的重要体现。水利工程质量检测是评估工程质量、判断工程优劣的最精确、最合理、最可靠的方式，也是政府部门用于加强质量监管的重要工具。

水利工程质量检测所产生的数据和信息不仅为设计单位提供了科学量化的根据，还为施工单位、项目法人和工程监理进行质量管理和控制提供了重要参考。这些数据和信息有助于各参建方更加科学地组织施工，合理调整施工方案和优化资源分配，从而最大限度地减少资金的不必要投入，并有效控制工程造价。此外，水利工程质量检测也为各参建方和质量监督机构提供了及时发现工程中存在问题的机会，以便及时发现和解决潜在问题，最大限度地减少损失，并确保工程的质量和进度。

水利工程质量检测的意义是多方面的。首先，它可以防止在工程中使用劣质建筑材料。其次，通过实体检测，可以判断工程结构的安全性，从而消除任何可能的不合格工程，确保投资的效益，维护建设者的权益。此外，为了解决工程质量纠纷并有效处理相关社会矛盾，需要一个权威、公正且科学的机构来出具检测报告。这份检测报告将全面评估工程质量的实际情况。因此，做好水利工程质量检测，不仅能够实现经济价值，还能够在社会领域发挥重要作用。

第五章　水利工程质量问题与事故处理

工程建设原则上不得发生质量事故。尽管力求避免质量事故的发生，但实际上这些事故可能会无法完全避免。通过质量保证活动及监理人员的质量控制，一般能达到预防质量事故发生、控制其后果进一步加重、使危害降到最低程度的目的。对于工程建设过程中已发生的质量事故，要提升质量事故处理能力，把握好质量事故处理方法。本章围绕水利工程质量事故及其分类、水利工程质量事故原因分析和水利工程质量事故处理程序与方法展开研究。

第一节　水利工程质量事故及其分类

一、水利工程质量事故概述

（一）水利工程质量事故的内涵

按照《水利工程质量事故处理暂行规定》的规定，工程质量事故是指水利工程施工中，由于施工管理、监理、勘察、设计、咨询、施工、材料、设备等原因造成工程质量不符合规程规范和合同规定的质量标准，影响使用寿命和对工程安全运行造成隐患和危害的事件。

工程中一旦出现质量事故，常常会引起停工、返工等，甚至会影响正常使用；有些质量事故还会继续发展和恶化，使建筑物坍塌，造成重大人身伤亡事故。这一切，将使国家、人民遭受难以承担的损失。

应该看到，有相当一部分事故在发生之初，人们往往只把它视为一般质量缺陷而易于忽略。日积月累，当人们意识到了这些质量缺陷的严重程度后，往往难以应对，要么无法弥补，要么造成建筑物损毁。因此，除明显没有严重后果的质量缺陷外，对于其他质量问题，都要仔细分析，并且做出必要的处理和明确的结论。

在工程建设中，原则上是不允许出现质量事故的，但由于工程建设过程中各种因素综合作用又很难完全避免。工程如出现质量事故，有关方面应及时对事故现场进行保护，防止遭到破坏，影响今后对事故的调查和原因分析。但在有些情况下，如不采取防护措施，事故有可能进一步扩大，应及时采取可靠的临时性防护措施，以免造成更大的损失。

（二）水利工程质量事故的特点

水利工程质量事故呈现出复杂性、严重性、可变性与多发性的特征。

1. 复杂性

水利工程质量事故发生的复杂性主要体现为诱发质量问题因素的复杂性。例如，建筑物倒塌可能是因为没有对地质环境进行仔细勘查、地基极限承载力和持力层不一致等；不均匀的地基处理不满足要求，产生过大的不均匀沉降；盲目套图纸、结构方案错误、计算简图不符合实际受力；荷载取值太小，内力分析错误，结构刚度、强度和稳定性变差；在施工中偷工减料，未按图纸施工，施工质量差；建筑材料和产品不过关、未经批准而代用；施工组织方案不够合理等。

显然，即便是同一类性质的质量问题，其成因有时也是千差万别的。因此，对待质量问题必须有一个深入的调查和研究，并根据其质量问题特点来做具体的分析。

2. 严重性

水利工程质量事故的发生，轻则影响施工进度、增加工程费用；重则会在项目中留下潜在的危险，从而影响项目的安全使用或无法投入使用；更严重的会导致建筑物倒塌，给人民生命财产带来重大损失。

水利工程建设过程中最严重、影响最恶劣的就是垮坝或溃堤事件，这不仅会导致严重人员伤亡及重大经济损失，还会对国民经济及社会发展产生不良影响。

因此，对于已经发现的水利工程质量问题应该给予高度重视，必须及时地加以分析与研究并做出正确的判断，采用可靠的办法与措施妥善处置，不仅能保证水利工程安全运行，还能满足其使用功能上的需要。

3. 可变性

很多工程的质量问题也会随时间的推移而发展和改变。例如，钢筋混凝土结构中产生的裂缝会随环境湿度、温度等因素发生变化，也会随荷载大小及持续时间长短发生变化；建筑物的倾斜会随附加弯矩的增大及地基的沉降而改变；混合结构墙体开裂还会随温度应力及地基沉降量发生变化；甚至有的细微裂缝，也可以发展成构件断裂或结构物倒塌等重大事故。因此，在对水利工程质量问题进行分析和处理的时候，必须格外注意其可变性，并要及时地采取可靠措施避免其进一步恶化。

4. 多发性

从多发性质量问题中吸取教训并及时认真地总结经验，不失为避免质量问题再次发生的一种行之有效的措施。

二、水利工程质量事故的分类

工程质量事故的分类方法很多，有按直接经济损失的大小分类，有按事故责任分类，有按事故产生的原因分类。

（一）按直接经济损失的大小分类

水利工程质量事故按照直接经济损失的大小、检查处理事故影响工期的长短及对项目正常使用造成的影响，分为一般质量事故、较大质量事故、重大质量事故和特大质量事故四类。

1. 一般质量事故

一般质量事故是指给工程造成一定经济损失，经过处理不影响正常使用和使用寿命的事故。

2. 较大质量事故

较大质量事故是指给工程造成较大经济损失或延误较短工期，经过处理后不影响正常使用，而又对工程寿命有一定影响的事故。

3. 重大质量事故

重大质量事故是指给工程造成重大经济损失或延误较长工期，经过处理后不影响正常使用，而又对工程寿命产生较大影响的事故。

4. 特大质量事故

特大质量事故是指给工程造成特大经济损失或长期延误工期，经过处理后对正常使用及工程寿命造成较大影响的事故。

（二）按事故责任分类

1. 指导责任事故

指导责任事故是指由于工程指导或领导失误而造成的质量事故。

2. 操作责任事故

操作责任事故是指在施工中，由于操作者未按照规程和标准进行作业而造成的质量事故。

3. 自然灾害事故

自然灾害事故是指由于突发的严重自然灾害等不可抗力造成的质量事故。

（三）按事故产生的原因分类

1. 技术原因引发的事故

技术原因引发的事故是指水利工程项目在实施过程中，由于设计、施工技术上出现错误而造成的质量事故。

2. 管理原因引发的事故

管理原因引发的事故指在管理上的不完善或失误引发的质量事故。

3. 社会经济原因引发的事故

社会经济原因引发的事故指由于经济因素及社会上存在的不正之风导致建设中的错误行为，而造成的质量事故。

第二节　水利工程质量事故原因分析

处理工程质量事故时，一般首先分析事故原因。找出原因后，一方面找出应对质量事故的办法，并提出预防同类质量事故的对策；另一方面对质量事故责任者进行界定，以确定谁应负担质量事故处理费用。水利工程质量事故有很多表现形式，如建筑结构变形、倾斜、坍塌、损坏、裂缝、渗水、漏水、刚度差、强度不够、断面尺寸不准确等，其原因概括如下。

一、水利工程质量事故原因概述

（一）质量事故的基本要素

质量事故的基本要素包括人员、物料、机械、过程、环境等。人员的根本问题在于知识、技能、经验及行为特点等；物料、机械等因素则比较复杂多样。由于工程建设中经常要涉及设计、施工、监理等多个单位或部门，所以在质量事故分析中，有必要对这几个基本要素及其相互联系进行具体分析探讨。

（二）质量事故的原因分类

质量事故发生的原因往往可以分为直接原因与间接原因两大类。

直接原因主要指人员行为失范，物料、机械等达不到规定状态。例如，设计人员未按照国家规范进行设计、施工人员违反规定进行操作等。再如，水泥的某些指标达不到要求，其下属材料也达不到规定状态等。

间接原因指除质量事故发生地以外的施工管理混乱、质量检查监督工作不到位、规章制度缺失等环境因素。事故间接原因会转变为直接原因。

（三）质量事故链及其分析

水利工程质量事故，尤其是重大质量事故发生的原因常常是多方面的，仅由一种原因引起的质量事故极少。若将各方面的原因和后果联系在一起，便构成了链条，俗称"事故链"。原因和结果、原因和原因的逻辑关系不同，形成的事故链形状也不同，主要表现为以下三种类型。

1. 集中型

分别由若干原因引起的事故被统称为"集中型"。

2. 连锁型

某种原因推动了下一个因素的产生，该因素又导致了其他因素的产生，这类因果连锁所导致的意外就叫作"连锁型"。

3. 复合型

通过调查质量事故，发现集中型和连锁型都很少，普遍存在的是以某种因果连锁为主，又有某种成因集中，最后酿成事故，即"复合型"。

在质量事故调查分析中，都涉及人（设计者、操作者等）和物（建筑物、材料、机具等）两个方面，开始接触的大多是直接原因，如果不深入分析与进一步考察，难以找到间接的、深层次的成因，也无法找到事故产生的实质原因，更难以避免类似事故的重演。因此，对于某些重大质量事故，要运用逻辑推理法通过分析事故链来查找其本质原因。

二、水利工程质量事故的具体原因分析

导致水利工程质量事故发生的因素有很多，但是从总体上看，总的因素大致可概括为以下几种。

（一）违反建设程序

没有进行可行性论证和调查分析就拍板定案，没有明确工程地质和水文地质就草率动工，无证设计和无图施工，任意修改设计图而不是按图施工，项目建成后未试车运转、未验收即交付使用等，使许多工程项目留下了严重的安全隐患。

建设程序就是建设项目建设活动顺序和客观规律的体现，是数十年来工程建设正、反两方面的经验总结，以及工程建设活动中应遵循的顺序。违反基本建设程序将直接导致工程质量事故，主要表现在以下两个方面。

1. 可行性研究不足

根本数据不足或不可信，或者完全没有进行可行性研究。

2. 违章承揽建设项目

例如，越级设计的工程及施工因技术素质较差，管理水平不符合标准要求等。

（二）工程地质勘察失误或地基处理失误

没有认真开展地质勘察工作，地质资料和数据存在错误；在地质勘察中，钻孔间距过大，无法综合反映地基实际状况，如基岩地面起伏变化、软土层粗细差异很大；地质勘察钻孔埋深不足，未查明地下软土层、滑坡、墓穴、孔洞等地层构造；地质勘察报告不详细、不准确等。这些情况均会导致采用错误的基础方案，从而引起地基的不均匀沉降和失稳，致使上部结构和墙体出现裂缝、损坏和坍塌。

工程地质勘察失误或勘测精度不够，造成勘测报告不够细致、准确甚至失误，无法正确地反映地质实际状况，从而造成严重质量事故。以某水利工程为例，因土石料场前期设计时，勘测精度不够，项目启动时料场剥离开挖达到一定水平，却发现料场土料达不到设计要求，不得不对料场进行重新筛选，从而影响工程进度，经济损失很大。

软弱土、冲填土、杂填土、湿陷性黄土、膨胀土、熔岩和土洞等不均匀地基得不到加固处理或处理不当都会造成重大质量问题。必须针对不同基础的工程特点，本着基础处理要和上部结构结合在一起并使之协同工作这一原则，在基础处理、设计措施、结构措施、防水措施和施工措施上全面考虑处理问题。

（三）设计方案和设计计算失误

设计方案和设计计算失误都可能会导致重大质量事故。以某水电工程为例，高边坡治理中设计者未充分考虑地质条件影响，对于明显节理裂缝未给予足够重视，未考虑工程措施，以至于基坑开挖过程中出现高边坡大滑坡而导致重大质量事故。此事故导致项目延迟发电一年以上，质量事故处理成本达数亿元。

设计考虑不够充分、结构构造不尽合理、计算简图错误、计算荷载取值太小、内力分析错误、沉降缝和伸缩缝布置不当等，悬挑结构没有经过抗倾覆验算等，这些均为诱发质量问题带来了潜在危险。

（四）施工和管理问题

许多工程质量问题，往往是由施工和管理造成的。

1. 盲目施工

对图纸陌生，盲目建设，图纸没有会审，草率建设，未取得监理和设计部门的批准而对设计进行修改。

2. 不按图施工

将铰接制成刚接、简支梁制成连续梁、抗裂结构采用光面钢筋取代螺纹钢筋等，使结构产生裂缝而失效；挡土墙未按图示布置滤水层和预留排水孔使土压力加大导致挡土墙翻倒。

3. 不按验收规范施工

现浇混凝土结构没有按照规定的部位及方式，随意预留施工缝；未按照规定强度进行模板拆除；砌体未采用组砌形式；预留直槎未加拉结条；宽度 1m 以下窗间墙预留脚手眼。

4. 不按有关操作规程施工

例如，采用插入式振动器振捣混凝土，没有按照插点均布、快插慢抽、上抽下抽、逐层扣合的作业方法，使混凝土振捣效果不理想，整体性较差。再如，砖砌体包心砌筑，上下通缝，灰浆不均匀饱满等均能导致砖墙或砖柱被损坏。

5. 缺乏基本结构知识

对基本结构认识不足，建设蛮干。例如，钢筋混凝土预制梁的倒装等；悬臂梁受拉钢筋置于受压区内；结构构件吊点的选取不尽合理，对结构使用受力及安装受力情况缺乏认识；施工时楼面上构件及物料的超载堆放等都会对质量及安全带来严重后果。

6. 施工过程错误百出

施工管理混乱、施工方案考虑不充分、施工顺序不正确等；技术组织措施不到位、违规操作等；不注重质量检查与验收工作等。

7. 自然条件影响

施工项目周期较长，露天作业频繁，并且受自然条件的影响较大，雷电、大风和暴雨均可能会引发重大质量事故，在施工中应格外注意并采取有效措施进行防范。

8. 建筑结构使用问题

建筑物使用不当也容易引起质量问题。例如，不进行校核和验算就对原建筑物随意增加楼层；使用荷载大于原设计荷载；随意开槽口、打洞口，弱化承重结构截面等。

9. 施工人员的问题

①施工技术人员人数不足，技术业务素质不高或使用不规范。

②施工操作人员培训不到位、质量不高，持证上岗岗位把关不严、违章操作。

（五）建筑材料及制品不合格

例如，钢筋的物理力学性能达不到标准要求，水泥潮湿、过期、结块、安定性差，砂石级配不尽合理，有害物过多及混凝土的配合比不准确等，外加剂性能、掺量达不到要求时，均会影响混凝土强度、和易性、密实性等，从而造成混凝土结构强度不足、裂缝、渗漏、蜂窝和露筋等一系列断裂和垮塌质量问题；预制构件断面大小不准确，支承锚固的长度不够，预应力值没有可靠确立，钢筋露放、错位和板面开裂，都不可避免地会发生断裂和垮塌。

不合格品工程材料，如半成品、构配件或建筑制品等在使用过程中难免造成质量事故或遗留质量隐患。常见建筑材料或产品不合格品主要表现在以下几方面。

1. 水泥

①安定性不过关；②强度不够；③水泥潮湿或过期；④水泥标号使用不正确或混杂。

2. 钢材

①强度不过关；②化学成分不过关；③可焊性不过关。

3. 砂石料

①岩性差；②粒径、级配及含泥量不合格；③有害杂质的含量高。

4. 外加剂

①外加剂自身不过关；②混凝土及砂浆掺外加剂不合适。

第三节　水利工程质量事故处理
程序与方法

一、水利工程质量事故的处理程序

（一）发现质量事故

一般来说，水利工程质量事故的出现都有一个发展变化的过程。有的比较明显，容易被觉察和发现。例如，岸坡（基坑）滑塌事故，早期就可以从岸坡的顶部看到裂缝，随着时间的推移，裂缝慢慢向下滑动；对于闸坝的基础渗透破坏事故，早期就可能先看到浑水，继而冒砂，接着是发生流土或管涌等现象，最后就是堤身塌陷、水闸失稳等现象相继发生。

但有的事故比较隐蔽，不容易被觉察。例如，厂房倒塌事故、桥梁倒塌事故等。一般来说，如能早期发现事故的征兆，有的事故就可以避免，有的可以大大减少事故造成的损失。例如，闸坝的基础渗透破坏事故，如能早期发现，及时采取措施进行处理，不仅可以大大降低事故造成的损失，有时还可能避免事故的发生。因此，加强施工现场和运行管理期间的巡查非常必要。

（二）报告质量事故

质量事故发生后，应立即报告。在工程建设期间发生的事故，通常首先向项目法人（建设单位）或监理单位报告，在运行管理期间发生的事故，通常首先向工程运行管理单位报告。项目法人（建设单位）或工程运行管理单位发现事故或接到事故报告后，一方面要立即采取防护措施，对现场进行防护，对人员及财物进行救护；另一方面应向项目的主管部门报告。

质量事故的报告，可以分两步进行。首先，口头（包括电话）报告。对于突发性事故，一般要求在发现事故后的 4 小时内向项目主管部门报告。较大以上等级的质量事故，还应向省级水行政主管部门和其他有关部门报告。其次，书面报告。通常需要在发现事故后的 48 小时内向相关部门进行书面报告。根据估计的事故等级及相关规定，书面报告的内容一般包括项目名称、建设规模、建设地点、建设工期、项目法人、主管部门和负责人来电等；事故时间、地点、工程部位及对应参建单位名称等；事故简要经过、伤亡人数及直接经济损失初估；对事故原因进行初步分析；事故后的处理措施和对事故的控制；事故报告的单位、领导和联系方式。

发生事故时，应当组织查处。首先，必须查明事故发生的范围、性质、影响及原因等，必须力求做到全面、准确、客观。其次，调查的结果应整理成事故调查报告，其内容如下。

①项目概述，着重阐述与事故相关部位的项目情况。

②事故的状况，即事故发生的时间、性质、现状和发展变化。

③临时应急防护措施的必要性。

④事故调查时的信息、材料。

⑤初步确定事故原因。

⑥事故所涉人员和主要责任者信息等。

（三）调查质量事故

为明确事故性质、危害程度并找出原因，以便对事故进行分析处理，有关方面应根据事故的严重程度组织专门的调查组，对发生的事故进行详细调查。水利工程质量事故调查组的组织要按照事故类别进行，但要实行回避制度。

一般质量事故应由项目法人组织查处，并将查处结果报请项目主管部门审查处理。

较大质量事故应由项目主管部门组织查处，并将查处结果报经上级主管部门同意后报送省级水行政主管部门审查处理。

重大质量事故应当由省以上水行政主管部门负责调查，并将结果报请水利部审查。

特大质量事故，水利部负责查处。

事故调查一般应从以下几个方面着手。

1. 工程情况调查

工程类型、规模、建设地点，事故发生时的形象进度及工程的运行情况等。

2. 事故情况

事故发现的时间、经过，事故所在的工程部位，事故现场状况，事故发现后的发展变化情况，人员伤亡和经济损失情况，事故的严重性（包括是否危及工程整体安全）和紧迫性（如不及时处理可能会出现更严重的后果），以及是否对事故现场进行过防护和必要的处理。

3.地质水文资料

检阅地质勘察报告、地下水位观测记录、隐蔽工程验收记录等资料。

（四）分析事故原因

事故原因分析主要是以事故调查的资料为基础，但往往事故原因分析是伴随着事故调查进行的，这样事故调查就更有目的性，事故原因分析也就更有可靠的基础。对事故原因进行分析，既是为事故处理提供依据，也是对事故的危害程度进行鉴定，可以从原因分析中寻找经验教训、完善设计、改进施工，防止类似的事故再次发生。

事故原因分析应以事故情况调查为基础，切忌不清楚情况而主观分析判断。特别是一些事故原因常涉及勘察、设计、施工、材料、使用管理诸多方面，通常需要对调查所提供的数据、材料进行细致分析，方能去伪存真，找出导致事故发生的重要因素。

（五）研究处理方案

在事故情况、性质和原因调查、分析清楚之后，有关方面应选择合适的时间，研究事故处理方案。但事故的处理时间，最好能在建设、监理、设计和施工等单位对事故的调查与分析意见达成共识后进行，因为事故原因的调查和分析会涉及事故的责任单位和责任人，一定要慎重，要防止事故处理后，无法得出一致的结论，而影响工程的交工验收和使用。

水利工程质量事故处理方案的提出，是按事故类别确定的。

一般质量事故由项目法人组织相关单位拟定处理意见并执行，报上一级主管部门备案。

较大质量事故由项目法人组织相关单位编制处理程序，经上一级主管部门批准后方可执行，并报省水行政主管部门或流域机构备案。

重大质量事故由项目法人组织相关单位编制处理程序，经事故调查组提出处理意见，报请省级水行政主管部门或流域机构批准后执行。

特大质量事故由项目法人组织相关单位编制处理程序，经事故调查组提出处理意见，报省水行政主管部门或流域机构批准后执行，并报水利部备案。

（六）处理方案设计

事故处理方案设计，一般由项目法人负责组织原设计单位承担，也可委托其他有资质的设计单位承担。事故处理确需设计变更时，应当由原设计单位或具有资质的单位出具设计变更方案。确需重大设计变更时，必须经原设计审批部门批准。

（七）处理方案实施

事故应以原因分析为依据，当一时不了解某些事故时，只要不造成事故的严重恶化，就可继续观察一段时间，进行进一步调查分析，切勿操之过急，以免导致处理结果不理想。

事故处理应符合安全、可靠、不留下隐患、符合建筑功能及使用要求、技术上可行、经济上合理、施工上便捷等基本要求。处理事故时，也要加强质量检查与验收。对于每起质量事故，不论是否需进行处理，均应进行分析，并给出定论。

事故处理方案通常由项目法人实施。一般可以由施工单位负责，或者交由其他具有资质的施工单位施工。

（八）检查质量验收

事故处理完毕，有关部门应当组织质量评定与验收。事故处理方案是补强加固的，质量评定只能为合格，并在评定意见栏内加盖"处理"章；所有返工重做的均可视加工后的质量情况予以评价。事故处理经检验验收合格后方可投入运行，或者进入下阶段建设。主要是评价处理后对工程安全、使用功能的影响程度，以及是否要限制运行等。

（九）得出处理结论

通过事故调查、原因分析、事故处理及处理后质量验收等工作，最终要对事故的处理做出明确结论。主要是事故处理后对工程安全、使用功能的影响程度，是否可以继续施工，是否要限制运行，对工程的外观和耐久性有无影响等。对一时尚难得出明确结论的，要进一步观测检查，并明确责任单位。

二、水利工程质量事故处理的方法

（一）修补处理法

当项目中有些部位质量虽达不到规定规范、标准和设计要求且有缺陷时，经修复却能满足所需质量标准，也不会对使用功能和外观产生影响，可以采用修补处理法。例如，进行修补处理之后，有的混凝土结构表面会产生蜂窝和麻面等现象，经过调查和分析发现并不影响结构的使用和外观。再如，结构受到冲击、局部没有振实、冻害、火灾、酸类腐蚀等，这些破坏仅存在于结构表面或局部时，并不会对结构的使用及外观造成影响，也可以进行修补处理。又如，对于混凝土结构中产生的开裂，经过分析研究，在不影响其安全使用的情况下，可以采取修补处理法。如裂缝宽度不超过 0.2mm，可用表面密封的方法；裂缝宽度超过 0.3mm 时用嵌缝密闭法处理；裂缝深时要进行灌浆修补。

（二）加固处理法

加固处理以危及承载力的质量缺陷为主。建筑结构经过加固处理后，承载力得到了恢复或提高，结构安全性和可靠性要求得到了再满足，从而可以继续投入使用或改作他用。例如，对混凝土结构常用的加固处理方法主要有增大截面加固法、外包角钢加固法、预应力加固法等。

（三）返工处理法

工程质量缺陷经修补处理和加固处理后，仍然达不到规定质量标准要求或没有补救的可能性时，必须进行返工处理。

例如，某防洪堤坝在填筑夯实时，其夯实土干密度达不到规定值，经过核算会影响土体稳定而达不到抗渗能力要求，必须开挖不合格土体，重填、返工。

又如，某厂设备基础混凝土浇筑过程中加入木质素磺酸钙减水剂后，由于施工管理不到位，掺量超过规定的 7 倍以上，造成混凝土坍落度超过 180mm 而石子下沉，混凝土结构参差不齐，浇注后 5 天内仍未凝固硬化，28 天内混凝土的实际强度未达到规定强度的 32% 以上，只好返工重浇。

（四）限制使用法

在工程质量缺陷按照修补处理法进行治理后，不能确保满足指定使用要求及安全要求且不能返工治理时，迫不得已可以做出结构卸荷或减荷、限制使用等决策。

（五）不做处理法

有些工程质量问题虽未达到规定要求和标准，但是其状况并不是很严重，几乎没有给工程或结构的使用和安全带来影响，经分析、证明、法定检测单位认定、设计单位及其他单位批准的，可以不进行特殊处理。通常可以不做特殊处理的，主要表现在如下方面。

①对结构安全、生产工艺及使用要求无任何影响。例如，一些工业建筑物放线定位存在偏差并严重超出规范标准规定，如改正将造成巨大经济损失，然而经分析，证明其偏差不会对生产工艺及正常使用造成影响，对外观没有显著影响，

可不予处理。再如，有些地方混凝土表面开裂，经过检验分析，是表面养护不到位造成干缩微裂的现象，对使用及外观没有影响，可以不做任何处理。

②后道工序所能弥补的质量缺陷。例如，混凝土结构表面稍有麻面，可用随后抹灰、刮涂和喷涂来补偿或不做任何处理。又如，混凝土现浇楼面平整度偏差达 10mm，但因后续垫层、面层施工可补偿，故也不做任何处理。

③经法定检测单位确认。例如，某次检验批中混凝土试块的强度值未达到规范要求且强度不够，但经过法定检测单位的混凝土实体强度的实际测试，若它的实际强度满足规范允许及设计要求值，可不做任何处理。对于试验后达不到规定的数值，而又大致接近的情况，只要通过分析证明了在投入使用前再进行试验达到设计强度就可以不做任何处理，但施工荷载要严格控制。

④发生质量缺陷，经检测鉴定不符合设计要求，而原设计单位进行核算后认为符合结构安全及使用功能要求。例如，结构构件截面尺寸不够大，或者材料强度不够，对结构承载力有影响，而根据实际情况经复核验算仍然能够达到设计要求承载力的，不做特殊处理。这一做法其实就是在发掘设计潜力，或者降低其安全系数，应该慎重对待。

（六）报废处理法

发生质量事故的项目，经分析或实践表明，经以上处理办法仍然不符合规定质量要求或标准的，必须进行报废处理。

第六章　水利工程建设项目的安全管理

保证安全是水利工程建设中的一项重要工作，但由于施工现场大部分是露天 / 野外作业，场地小、施工人员多、交叉作业和高空作业多、机械施工与手动操作并进等原因，安全事故也较多。因此，必须充分重视建设项目的安全管理，组织采取一系列必要的措施，防患于未然，保证项目施工的安全进行。本章围绕水利工程施工不安全因素分析、水利工程建设项目安全目标管理、水利工程现场安全文明施工管理和水利工程安全生产标准化与信息化建设展开研究。

第一节　水利工程施工不安全因素分析

施工中的不安全因素很多，而且随工种不同、工程不同而变化。但概括起来，这些不安全因素主要来自人、物、环境三方面。

一、人的不安全行为

（一）人的不安全行为的表现

人的不安全行为是人的心理和生理特点造成的，主要表现在身体缺陷、错误行为和违纪违章三个方面。

①身体缺陷，指疾病、精神失常、智商过低、对自然条件或环境过敏、应变能力差等。

②错误行为，指嗜酒、吸烟、玩耍、嬉笑、追逐、错看、错听、错嗅、误触、误判、意外滑倒、误入危险区域等。

③违纪违章，指粗心大意、漫不经心、不履行安全措施、不按规定使用防护用品、有意违章等。

（二）人的不安全行为对安全的影响

绝大部分的安全事故是人的不安全行为造成的，而人的生理和心理特点直接影响人的行为。因此，人的生理和心理特点与安全事故的发生有着密切的联系。其主要表现在以下几点。

1. 生理疲劳对安全的影响

人的生理疲劳表现为动作紊乱而不稳定，易产生重物失手、手脚发软等情况，造成人或物从高处坠落等安全事故。

2. 心理疲劳对安全的影响

人的心理疲劳包括人由于动机和态度变化而引起工作能力波动，或者由于从事单调、重复劳动而产生厌倦，或者由于遭受挫折而身心乏力等，这些表现均会导致操作失误。

3. 视觉和听觉对安全的影响

人的视觉受外界亮度、色彩、对比度、距离、移动速度等因素影响时，常会产生错看、漏看，从而导致安全事故。人的听觉也常受外界声音的干扰，使听力减弱，从而导致安全事故。

4. 人的气质和性格对安全的影响

人的气质和性格不同，产生的行为也不同。意志坚定、善于控制自己、行动准确者，不容易引起不安全行为；喜怒无常、容易动摇、对外界信息变化反应强烈者，则容易引起不安全行为。此外，优柔寡断、行动迟钝、反应能力差者，也容易造成安全事故。

5. 人际关系对安全的影响

群体的人际关系直接影响着个体的行为。若劳动者彼此尊重、相互信任和友爱、遵守劳动纪律和安全法规，安全就有保障；若劳动者彼此猜忌、不遵守劳动纪律和安全法规，安全就没有保障。此外，上下级关系紧张，工作时心情压抑、疑虑、畏惧、注意力不集中，也极易导致安全事故。

二、物的不安全状态

物的不安全状态主要表现在以下三个方面。

①设备、装置的缺陷。主要是指设备、装置的技术性能降低、强度不够、结构不良、磨损、老化、失灵、腐蚀及物理和化学性能达不到要求等。

②作业场所的缺陷。主要是指施工作业场地狭小、交通道路不宽敞、机械设备拥挤、多工种交叉作业组织不善、多单位同时施工等。

③物资和环境的危险源。主要包括：化学方面的氧化、易燃、毒性、腐蚀等；机械方面的振动、冲击、位移、倾覆、陷落、抛飞、断裂、剪切等；电气方面的漏电、短路等；自然环境方面的雷电、风暴、浓雾等。

在施工安全控制中，监理人员必须将这两类不安全因素结合起来综合考虑，才能达到确保安全的目的。

三、环境的不安全因素

在水利工程施工过程中，环境的不安全因素主要来自自然环境和工程环境的限制。环境的不安全因素如下。

（一）高海拔和复杂地形

水利工程常常位于山区或高海拔地区，地形复杂。这可能导致施工人员在陡坡或悬崖上工作，增加了坠落和滑倒的风险。

（二）深水和水流

水利工程施工通常涉及水库、河流、渠道等水域。施工人员有时需要在深水中工作，容易发生溺水事故。同时，水流也可能导致施工人员被冲走，增加了发生意外的风险。

（三）气候和天气条件

水利工程施工可能在各种不同的气候和天气条件下进行，如高温、寒冷、暴雨等。极端气候和天气条件可能对施工人员的身体状况和操作安全性造成影响。

（四）不稳定的地质条件

水利工程常常面临不稳定的地质条件，如土体坍塌、滑坡、岩石崩塌等。这些地质灾害发生时可能会危及施工人员的安全。

因此，在水利工程施工中，需要严格管理和控制这些不安全的环境因素，采取相应的安全措施和防护措施，确保施工人员的安全和减少事故的发生。

（五）噪声和震动

水利工程施工中常常使用大型机械设备和工具，产生噪声和震动。长期接触高噪声和强烈震动可能会对施工人员的听力和身体健康造成损害。

（六）化学物质和有毒气体

施工过程中常使用各种化学物质和有毒气体，如溶剂、油漆、燃气等。这些化学物质和有毒气体的不当使用或泄漏可能会对施工人员的健康和安全构成威胁。

（七）施工设备和机械

水利工程施工需要使用大型起重机、挖掘机、钻机等重型设备和机械。如果设备操作不当、检修不到位，或者设备老化、状况差，可能会导致设备故障、倒塌或失控，对施工人员造成伤害。

第二节　水利工程建设项目安全目标管理

一、安全目标管理

（一）安全目标管理概述

安全目标管理是确定在一定时期内应该实现的安全生产总目标，然后由各部门和全体职工根据总目标的要求，分解展开，明确责任，落实措施，严格考核，通过组织内部自我控制达到安全生产目的的一种安全管理方法。它以单位总的安全管理目标为基础，逐级向下分解，使各级安全目标明确、具体，各方面关系协调融洽，把单位的全体职工都科学地组织在目标体系之内，使每个人都明确自己在目标体系中所处的地位和作用，通过每个人的积极努力来实现安全生产目标。

安全目标管理的基本过程：单位的安全部门在高层管理者的领导下，根据总目标制定安全管理的总目标，然后经过协商，自上而下层层分解，制定各级、各部门直到每个职工的安全目标，以及为达到目标采取的对策和措施。在制定和分解目标时，要把安全目标和经济发展指标捆在一起同时制定和分解，还要把责、权、利也逐级分解，做到目标与责、权、利的统一。

通过开展一系列组织、协调、指导、激励、控制活动，依靠全体职工自下而上的努力，保证各自目标的实现，最终保证单位总安全目标的实现。定期对实现目标的情况进行考核，给予相应的奖惩，并在此基础上进行总结分析评估，必要时及时调整目标计划，制定新目标并开始新的目标管理循环，再制定新的安全目标，进入下一年度的循环。

（二）安全生产目标的制定

水利工程施工企业应建立安全生产目标管理制度，制定包括人员伤亡、机械设备安全、交通安全等控制目标，安全生产隐患治理目标，以及环境与职业健康目标等在内的安全生产总目标和年度目标，做好目标具体指标的制定、分解、实施、考核等环节的工作。实施具体项目的施工单位应根据相关法律法规和施工合同约定，结合本工程项目安全生产实际，组织制定项目安全生产总体目标和年度目标。

1.目标制定原则

水利工程施工企业应结合企业生产经营特点，科学分析，按如下原则制定目标。

①突出重点，分清主次。安全生产目标的制定不能面面俱到，应突出事故伤亡率、财产损失额、隐患治理率等重要指标，同时注意次要目标对重点目标的有效配合。

②安全目标具有综合性、先进性和适用性。制定的安全管理目标，既要保证上级下达指标的完成，又要考虑企业各部门及每个职工的承担能力，使各方都能接受并努力完成。一般来说，制定的目标要略高于实际的能力与水平，使之经过努力可以完成，但不能高不可攀、不切实际，也不能过于简单、容易达到。

③目标的预期结果具体化、定量化。利于同期比较，易于检查、评价与考核。

④坚持目标与保证目标实现措施的统一性。为使目标管理更具有科学性、针对性和有效性，在制定目标时必须有保证目标实现的措施，利用措施为目标服务。

2.目标制定依据

安全生产目标应尽可能量化，便于考核。目标制定时应考虑下列因素。

①国家的有关法律法规、规章、制度和标准的规定及合同约定。

②水利行业安全生产监督管理部门的要求。

③水利行业安全技术水平和项目特点。

④本企业中长期安全生产管理规划和本企业的经济技术条件与安全生产工作现状。

⑤采用的工艺与设施设备状况等。

3.目标主要内容

安全生产目标应经单位主要负责人审批，并以文件的形式发布，安全生产目标应主要包括但不限于下列内容：生产安全事故控制目标，安全生产投入目标，安全生产教育培训目标，安全生产事故隐患排查治理目标，重大危险源控制目标，应急管理目标，文明施工管理目标，人员、机械、设备、交通、消防、环境和职业健康等方面的安全管理控制指标等。

建设项目安全管理是指在建设项目实施过程中，组织安全生产的全部管理活动，即通过对建设过程中的不安全因素进行控制或消除，减少或杜绝事故。水利工程建设项目安全管理属于项目管理的范畴，按照现代项目管理理论，建设项目安全管理主要内容有安全策划、安全组织、安全评价与控制。

二、水利工程建设项目安全目标管理的意义

安全管理是水利工程管理的重要环节，具有重要的现实意义。为防止重大事故的发生，确保人员和设备不受损害，确保企业的正常生产经营不受影响，企业必须开展有效的工作，加大安全管理力度，降低事故发生率，确保其顺利运营。

（一）安全管理工作缺失是事故发生的根源

大多数事故与安全管理执行不力有关。安全管理工作的缺乏是事故发生的根本原因。抓安全就是抓发展，抓安全就是保稳定，抓安全就是保生产力。因此，为了防止事故的发生，有必要加强安全管理工作，不断提高安全管理技术，提高安全管理水平。

（二）深入落实"安全第一、预防为主"的方针

水利工程要牢牢树立"安全第一、预防为主"的思想，遵守"安全生产、人人有责"的思想准则，不断增强职工的安全意识，达到人人重视安全、事事注意防范的最高思想境界。水利工作者要自觉提高安全意识，必须遵守各项安全生产规章制度。

同时，各级管理部门要加强安全管理工作，通过科学规划和决策，完善安全生产管理体系，加强对安全生产的监督，确保"安全第一、预防为主"的方针落实。

（三）努力保证安全技术和劳动卫生发挥作用

安全技术是指各专业中与安全有关的专业技术，如防电、防水、防火、防爆等。劳动卫生是指预防和控制灰尘、噪声、辐射等各种物理和化学危害。毫无疑问，安全技术和劳动卫生措施对从根本上改善劳动条件、实现安全生产具有重要作用。

然而，这些垂直和分离的硬技术主要是以材料为导向的，不能自动实现。这

就需要安全管理人员计划、组织、监督、检查和开展有效的安全管理活动，以最大限度地提高其有效性。

（四）安全管理有助于改进企业管理

安全管理与企业的其他管理方面密切相关，不可分割。作为企业管理的重要组成部分，安全管理是防止事故发生的有效措施。

为了降低事故发生的概率，安全管理不可避免地涉及工作环境的治理、职位的科学分配、工程设施的检查和维护，以及工作方法的改进等多个方面。这些方面直接关系到企业管理，如生产管理、人员管理、设备管理和技术管理。因此，加强安全管理必然会对整个企业的管理提出更高的要求，起到积极的推动作用。这有助于改善企业管理，促进企业管理的全面进步。

三、水利工程建设项目安全管理的一般方法

（一）安全生产目标管理法

目标管理也被称为"成果管理"，是指以目标为导向、以人为中心、以成果为标准，使组织和个人取得最佳业绩的现代管理方法。安全生产目标管理是目标管理在安全生产管理方面的应用，它主要是指在一定的时期内（通常为一年），根据企业安全生产总目标，从上到下地确定安全工作目标，并为达到这一目标而制定一系列对策、措施，开展一系列的计划、组织、协调、指导、激励和控制活动。

依据安全生产目标管理的要求，水利工程建设安全生产总目标必须逐级、逐项分解，使安全生产总目标分解落实到每个部门和岗位。在目标实施阶段，要充分信任基层人员，实行权力下放和民主协商，使下级人员进行自我控制，独立自主地完成各自的任务，实现各自的目标。成果评价和奖励时，必须严格按照每个岗位和个人的目标任务完成情况和实际成果大小来进行，以激励其工作热情，发挥其主动性和创造性。

1.安全生产目标管理特点

安全生产目标管理法是一种激励性的安全管理方法，主要具有下列特点。

①安全生产目标管理重视人的作用，目标的实现者同时也是目标制定的参与者，人人都可以参加目标制定并保证目标的实现，参与目标管理的人员便能够对自己负责。因此，安全生产目标管理是一种民主的、自我控制的管理制度，也是一种把个人需求与企业安全生产目标结合起来的管理制度。

②安全生产目标管理的主要表现形式为目标锁链与目标体系，根据企业安全

生产的使命确定一定时期内企业安全生产总目标，然后对总目标进行分解，由此决定上、下级的责任和分目标，形成一个有层次的目标锁链与目标体系。同时，这些目标也是组织检查、评估和奖励每个单位和个人贡献的标准。

2. 安全生产目标管理的作用

①安全生产目标管理能够使企业各级领导及从业人员明确需要重点防范的生产安全事故和安全生产工作的努力方向，有利于统一思想、统一调动企业的管理和技术资源。

②安全生产目标是企业向社会及从业人员做出的承诺，是履行社会责任的一种重要行为，安全生产目标管理可以使企业的各职能部门和各级人员，更加自觉地履行安全生产责任，落实各项安全生产工作。

（二）全面管理法

全面管理，也被称为"四全"管理，是指水利工程建设安全管理应该是全过程、全方位、全员参与、全天候的管理。

1. 全过程安全管理

水利工程建设全过程安全管理是指从签订施工合同、进行施工组织设计、现场平面布置等施工准备工作开始，到施工的各个阶段，直至工程收尾、竣工、交付使用的全过程，都进行安全管理。全过程安全管理就是贯穿各项工作始终，形成纵向一条线的安全管理方式。

建设项目施工过程是一个动态的过程，涉及很多变化的因素，事故隐患也不断变化，随时可能出现，极易发生事故。因此，必须加强全过程管理，对所有生产过程进行安全预控、安全检查、安全控制，及时消除事故隐患。

2. 全方位安全管理

水利工程建设全方位安全管理，是对整个建设项目所有的工作内容都要进行管理。

首先，水利工程由各个单项工程构成，只有实现各分项工程的安全生产，才能保证整个水利工程的安全生产。

其次，整个建设项目安全管理的对象主要包括人、机、环境和管理因素，具体工作内容包括安全教育培训、日常检查、工作例会等多个方面。因此，必须对这些管理内容进行有针对性的管理和控制，只有做好每一个环节，才能最终保证整个建设项目的安全生产。

3. 全员参与安全管理

从目标管理的观点来看，无论是管理者还是作业人员，每个岗位都承担着相应的安全生产职责，一旦确定了安全生产方针和安全生产目标，就应组织和动员全体员工参与安全生产活动，充分发挥每个角色的作用。

4. 全天候安全管理

全天候安全管理，就是不管什么天气、什么环境，每时每刻都要注意安全，要求现场作业人员时刻把安全放在第一位。

（三）循环管理法

循环管理法是按照戴明理论策划（plan）、实施（do）、检查（check）、改进（action）四个阶段不断循环进行管理的方法。应用到水利工程建设项目安全管理中，循环管理法的四个阶段又可细分为八个步骤。

①分析安全现状，找出存在的主要安全问题。

②分析各种影响因素，找出安全问题的形成原因。

③确认造成安全问题形成的主要原因。

④针对安全问题形成的主要原因，制订安全措施和实施计划。

⑤按照安全措施实施计划，贯彻落实安全措施。

⑥检查验证并评估安全措施的实施效果。

⑦巩固措施，把成功的经验和方法加以肯定，形成标准。

⑧把遗留的问题，转入下一轮循环继续解决。

第三节 水利工程现场安全文明施工管理

一、水利工程现场安全文明施工管理的法规

安全文明施工的任务是维持施工生产的安全文明状态和规范施工生产的安全文明行为。施工生产的安全文明状态包括创造安全文明的施工场所，以及采用安全文明施工的工艺和技术两个大的方面；施工生产的安全文明行为，即进行安全文明作业和操作。

鉴于建筑施工安全保证体系的组成环节之间存在着密切的内在联系，而安全文明施工技术又是其中的基础性环节，因此项目不可避免地会与其他几个环节项

目有某种程度的交叉情况存在。水利施工单位要根据以下文件要求，对项目施工现场的安全文明施工进行有效管理:《中华人民共和国安全生产法》《建设工程安全生产管理条例》《安全生产许可证条例》，业主、监理单位的有关规定，以及施工单位企业关于质量、环境、职业健康、安全管理体系的安全与文明施工管理规定。

二、水利工程现场安全文明施工管理的目标

文明施工是体现一个施工单位现代化管理水平的重要标志。经费是建设工程推进文明施工的基础，安全与文明施工管理的规定明确建设单位在编制工程概算、预算时，以及在招标文件中必须单独开列文明施工措施费用详细清单。同时，为加强对文明施工费用的监督管理，还明确了文明施工措施费用划拨和使用应当接受建设安全质量监督管理机构的监督，建设单位在办理安全质量监督手续时，应当同时提供文明施工费用详细清单。

建设单位在确定施工方案前要组织勘察设计单位、施工单位和市政、防汛、管线等有关部门踏勘周边建筑，采取降低对周边影响的措施。同时，建设单位应当组织其他参与建设的单位走访施工现场周边的街道（乡镇）、居（村）委会，组织与相关单位和居民沟通，妥善解决居民合理建议和要求。

施工期间，项目部严格按文明施工单位标准要求自己，认真履行合同，做到全员持证上岗，服装整齐统一；施工现场整洁明亮，标志齐全美观，晴天不扬尘，雨后不积水，材料堆放整齐有序，设备停放整齐划一，施工工艺科学合理，推行程序化、标准化作业，争创文明施工工地。创建文明施工工地就是创建安全工地，施工的文明将带来施工的安全。创建文明施工工地的目的是树立文明形象、确保生产安全。

在上述文明施工工地标准管理规定中，绝大多数的规定与确保职工的安全健康有关，它们几乎概括了安全生产方方面面的管理要求。因此，创建文明施工工地就是创建安全工地，以施工的文明来缔造施工的安全。

尽管上述规定将安全条款与文明条款分别列出，但安全条款中有文明要求，文明条款中又有安全要求。实际上，它们密不可分，共处于一体之中，组成了施工安全文明的共同体。因此，对于施工安全和文明及其关系必须有清晰的认识。

三、水利工程现场安全文明施工管理的环保措施

（一）水环境保护控制措施

水环境保护控制措施的检查应包括下泄生态流量措施、分层取水措施、施工

区和安置区废（污）水处理措施。

1. 下泄生态流量措施

①采用资料对比和现场核查的方法，核查下泄生态流量措施与环境影响评价文件、环境保护设计文件的符合性及程序的合规性。重点是措施的类型、设施规格、下泄方式、下泄流量及相应的调度方案和保障措施。

②要求监理人员采用巡查和旁站的方法，检查下泄生态流量措施是否按照设计文件中施工进度计划的要求按时开工、实施下泄生态流量措施，并检查其是否与水库下闸蓄水、电站试运行同时投产和同步运行。

③通过检查专业人员配备、职责分工、管理制度、运行记录或生态流量在线监测记录等，分析下泄生态流量措施的运行维护管理制度是否完善。

④采用巡查和旁站的方法，检查初期蓄水对下游河道不利影响的减缓措施的实施类型、实施时段和实施效果。

⑤采用巡查、资料核查等方法检查下泄生态流量措施的运行情况，在下泄生态流量措施启用时应进行旁站，并在鱼类繁殖期加强巡查。

2. 分层取水措施

①采用资料对比和现场核查的方法，核查分层取水措施与环境影响评价文件、环境保护设计文件的符合性及程序的合规性。重点是措施的形式、布局、规模、结构及相应的运行调度和保障措施。

②采用巡查和现场跟踪检查的方法，检查分层取水措施是否按照设计文件中施工进度计划要求按时开工，并检查其实施进度是否与水库下闸蓄水、电站试运行等关键节点同时投产和同步运行。

③通过检查专业人员配备、职责分工和管理制度等，分析分层取水措施的运行维护管理制度是否完善。

④检查分层取水措施的运行调度方案及其审查文件。

⑤通过收集分层取水措施的运行记录、水温观测记录等资料，以巡查等方式，掌握和分析分层取水措施的运行情况。

3. 施工区和安置区废（污）水处理措施

①施工区废（污）水处理应重点关注砂石加工系统、修配系统和混凝土拌和系统等的废（污）水处理措施。移民安置区废（污）水处理应重点关注迁建企业生产废水处理措施、移民安置点生活污水处理措施和迁建城集镇生活污水处理措施。

②采用资料对比和现场核查的方法，核查废（污）水处理设施与环境影响评价文件、环境保护设计文件的符合性及程序的合规性。核查重点是废（污）水处理设施的地点、布局、工艺、规模及保障措施。

③采用巡查和现场跟踪的方法，检查各类生产废水处理设施是否与产废设施同时投产和同步运行，检查生活污水处理设施是否与施工区生活营地、电厂生活区、移民安置点和迁建城集镇同时投产和同步运行。

④通过检查专业人员配备、职责分工和管理制度等，分析废（污）水处理措施的运行、维护等管理制度是否完善。

⑤通过检查处理工艺、清理频次、处理量，以及污泥、浮油处理后的去向等，掌握和分析调节池、沉淀池、消化池等设备中污泥和隔油池中浮油的清理、处置情况。

⑥检查废（污）水的产生量和处理量、处理后的排放去向。针对出水外排或回用方式的不同要求，通过检测或分析监测成果，核查出水水质是否达到相应的排放或回用标准。

⑦通过收集材料消耗台账、设备运行记录、进出水水量和水质检测等资料，辅以现场跟踪、巡查等方式，分析、检查废（污）水处理主要设施、设备的运行维护情况。

⑧针对因施工引发的水环境污染投诉，建设单位应配合环境保护主管部门开展调查或监测，督促参建单位按照相关要求完善防治措施。

（二）粉尘防治控制措施

1. 施工粉尘

粉尘是固体物质细微颗粒的总称，指悬浮在空气中的固体微粒。国际标准化组织规定，粒径小于 $75\,\mu m$ 的固体悬浮物为粉尘。在大气中粉尘的存在是保持地球温度的主要原因之一，大气中的粉尘过多或过少将对环境产生灾难性的影响。在生活和工作中，生产性粉尘是人类健康的天敌，是诱发多种疾病的主要原因。

在水利工程施工中，有坝基岩石开挖过程中钻孔、爆破产生的粉尘，有砼拌和楼及碎石系统产生的粉尘，有土石料、砼运输过程中产生的粉尘等。粉尘可以造成大气污染，危害人类的健康。大气中的粉尘往往含有许多有毒成分，如铬、锰、镉、铅、汞、砷等。当人体吸入粉尘后，小于 $5\,\mu m$ 的微粒，极易深入肺部，引起中毒性肺炎或硅肺，有时还会引起肺癌。沉积在肺部的污染物一旦被溶解，就会直接侵入血液，引起血液中毒，未被溶解的污染物，也可能被细胞所吸收，导致细胞结构的破坏。此外，粉尘还会使建筑物受到侵蚀，使有价值的古代建筑遭受腐蚀；降落在植物叶面的粉尘会阻碍光合作用，抑制其生长。

2. 防治措施

①粉尘防治措施包括对开挖与爆破粉尘、砂石加工与混凝土拌和系统粉尘和交通扬尘削减与控制措施的监督检查。

②通过对粉尘防治措施的类型、位置和规模的核查，分析其与环境影响评价文件、环境保护设计文件的符合性。

③采用巡查和现场跟踪的方法，检查各类粉尘防治措施建设、安装及运行等节点的实施进度。

④采用巡查和现场跟踪的方法，重点检查洒水降尘措施的实施及效果、粉状材料运输车辆的密封性及环境空气敏感点限速标志的设置。

⑤通过检查专业人员配备、职责分工、管理制度和运行记录等，分析粉尘防治措施的运行维护管理制度是否完善。

⑥通过检测或分析监测成果，核查工程建设过程中周围大气环境质量的达标情况及措施的实施效果。重点关注敏感区的环境质量达标情况。

⑦针对因施工引发的空气污染投诉，应配合环境保护主管部门开展调查或监测，督促参建单位按照相关要求完善防治措施。

（三）废气防治控制措施

1. 废气污染

废气是指人类在生产和生活过程中排出的有毒有害的气体。运输汽车、反铲、装载机、振动碾等大型机械的使用，会产生尾气等有害气体。废气中含有的污染物种类很多，其物理和化学性质非常复杂，毒性也不尽相同。燃料燃烧排出的废气中含有二氧化硫、氮氧化物、碳氢化合物等；因工业生产所用原料和工艺不同，排放的有害气体也各不相同，其中大多含有各种放射性物质；汽车排放的尾气含有铅、苯和酚等碳氢化合物。废气污染大气环境是世界最普遍、最严重的环境问题之一。

2. 防治措施

①废气防治措施的检查内容应主要包括对施工、生活营地废气削减与控制的监督检查。

②采用资料对比和现场核查的方法，核查废气防治措施与环境影响评价文件、环境保护设计文件的符合性及程序的合规性。重点关注防治措施的类型、位置、规模。

③采用巡查和现场跟踪的方法，检查各类废气防治措施的建设、安装及运行等节点的实施进度。

④通过检查专业人员配备、职责分工、管理制度和运行记录等，分析粉尘防治措施的运行维护管理制度是否完善。

⑤通过对监测报告的分析，核查工程建设过程中大气环境质量达标情况及措施的实施效果。重点关注敏感区的环境质量达标情况。

⑥对因施工引发的空气污染投诉，应配合环境保护主管部门开展调查或监测，督促参建单位按照相关要求完善防治措施。

（四）噪声防治控制措施

1. 施工噪声污染

在某一施工厂区环境下的噪声，通常是由多个不同位置的声源产生的。在项目施工过程中，碎石系统、砼拌和楼、碾压砼作业、钻孔作业、爆破作业及各类施工机械、运输设备运行都会产生噪声。

环境噪声标准是为保护人群健康和生存环境，对噪声容许范围所做的规定。其制定原则应以保护人的听力、睡眠休息、交谈思考为依据，应具有先进性、科学性和现实性。各国均参照国际标准化组织推荐的基数（如睡眠 30dB），并根据本国和地方的具体情况而制定。

2. 防治措施

①噪声防治的工作内容应主要包括对施工机械及辅助作业噪声、交通噪声和爆破噪声控制措施的监督检查。

②采用资料对比和现场核查的方法，核查噪声防治措施与环境影响评价文件、环境保护设计文件的符合性及程序的合规性。重点关注防治措施的类型、位置、规模等。

③采用巡查和现场跟踪的方法，检查各类噪声防治措施的建设、安装及运行等节点的实施进度。

④采用巡查和现场跟踪的方法，重点检查各类噪声防治措施实施效果、声环境敏感点限速标志的设置。

⑤通过检查专业人员配备、职责分工、管理制度和运行记录等，分析噪声防

治措施的运行维护管理制度是否完善。

⑥通过对监测报告的分析，检查工程建设过程中声环境质量达标情况及措施的实施效果。重点关注敏感区的环境质量达标情况。

⑦针对因工程建设引发的噪声投诉，应配合环境保护主管部门开展调查或监测，督促参建单位按照相关要求完善防治措施。

第四节　水利工程安全生产标准化与信息化建设

一、水利工程安全生产标准化

（一）水利工程安全生产标准化概述

安全生产标准化是生产经营单位通过落实安全生产主体责任，全员全过程参与，建立并保持安全生产管理体系，全面管控生产经营活动各环节的安全生产与职业卫生工作，实现安全健康管理系统化、岗位操作行为规范化、设备设施本质安全化、作业环境器具定制化，并持续改进。

安全生产标准化建设通过建立健全安全生产责任制，制定有效的安全管理制度和规范的操作规程，对一系列安全隐患进行排查治理，对生产运行过程中的重大危险源进行控制，建立预防机制，规范生产行为，使各生产环节符合有关安全生产法律法规和标准规范的要求，促使人、机、环境处于良好的生产状态，并持续改进，不断加强安全生产规范化。

从某种意义上讲，安全生产标准化工作涵盖了安全生产工作的全局。从管理方面来说，安全生产标准化的建设是对安全生产规章制度的建立与健全；从设备方面来说，安全生产标准化的建设有利于改善设备设施状况；从工作人员方面来说，安全生产标准化的建设对规范作业人员行为等方面提出了具体要求。

水利安全生产标准化建设是水利工程单位夯实安全管理基础、提高设备本质安全程度、加强人员安全意识、落实水利工程单位安全生产主体责任、建设安全生产长效机制的有效途径，是创新水利安全监管体制的重要手段。

水利生产经营单位开展安全生产标准化工作，应遵循"安全第一、预防为主、综合治理"的方针，落实安全生产主体责任。应以安全风险管理、隐患排查治理、职业病危害防治为基础，以安全生产责任制为核心，建立安全生产标准化管理体系，实现全员参与，全面提升安全生产管理水平，持续改进安全生产工作，不断提升安全生产绩效，预防和减少事故的发生，保障人身安全健康，保证生产经营活动的有序进行。

水利安全生产标准化工作应采用循环管理法的模式，依据标准要求，结合单位自身特点，建立并保持以安全生产标准化为基础的安全生产管理体系；通过自我检查、自我纠正和自我完善，构建安全生产长效机制，持续提升安全生产绩效。

（二）水利工程安全生产标准化的基础保障

1. 安全生产投入

保证必要的安全生产投入是实现安全生产的重要基础。水利工程单位必须安排适当的资金，用于改善安全设施，进行安全教育培训，更新设备设施，以保证达到法律法规、标准规范规定的安全生产条件。

2. 责任落实

安全生产标准化是一项复杂的系统工程，涉及部门众多，并且安全生产标准化考评标准覆盖了与安全生产相关的所有内容，因此建立健全、落实各级安全生产责任制尤为重要。

3. 动态管理

由于现场危险有害因素、隐患都是发展变化的，水利生产经营单位必须控制这种发展变化，遵循"策划、实施、检查、改进"的模式实行安全生产标准化的动态管理，并经常性地开展"回头看"活动。

4. 切合实际

在安全生产标准化建设过程中，要注重制度与本单位实际相结合，可以按照"先简单后复杂、先启动后完善、先见效后提高"的要求，统一规划，分步实施，切实抓好安全生产标准化建设工作。

（三）水利工程安全生产标准化达标建设的要点

1. 注意评审得分要点

在安全生产标准化建设中，应注意避免出现不得分项；避免出现扣分值高的问题，尤其是出现一次（项）扣分值高的问题。

2. 防止走入误区

水利工程单位在日常检查、自评的过程中，往往会出现遮掩问题的现象，呈现表面形势大好的假象，导致问题不易被发现，工作无法持续改进。外部评审时却暴露大量问题，多处扣分，达不到预期要求。因此，水利工程单位应正确看待建设过程中发现的问题，及时采取措施整改。

3. 记录要全面

安全生产标准化注重"痕迹"管理。安全生产标准化评审标准中规定的单位应建立的各项安全生产规章制度、记录和台账是安全生产标准化日常检查、自评和外部评审的重点内容，因此水利工程单位应保存各项工作相应的记录，确保记录的全面性。

4. 注意整体水平提高

"木桶原理""蝴蝶效应"告诉我们，安全生产中任何一点小的隐患都可能导致事故的发生。因此，各职能部门、班组要通过安全生产标准化的运行不断地提高自己的管理水平，不要出现"木桶原理"中的"短板"，注意整体水平的提高。

（四）水利工程安全生产标准化建设的重要途径

1. 牢固树立安全的发展理念

水利工程生产建设过程的各个方面，都要严格遵循安全生产的原则，包括但不限于施工进度、建设管理、施工成本和其他各项指标等。在生产建设过程中，部分单位极度缺乏对安全生产工作的正确认识，导致普遍出现重生产、轻安全的现象，这对水利工程安全生产的标准化建设非常不利。

在水利工程运营中，要把职工和工程的安全放在首位，不留任何危险的余地，不以牺牲安全为代价抢工期、抢进度，不为了效益和成本轻视安全投资。水利工程单位必须牢固树立安全发展观，确保落实安全生产主体责任，加大安全管理人员和资金投入，实现企业健康安全发展。

2. 落实企业主体责任依法管理

作为安全生产的主体责任单位，水利工程单位必须落实安全生产保障措施，依法开展生产活动。水利工程单位应当严格遵守有关安全生产的法律、法规，认真执行安全生产标准。水利工程单位要积极开展事故应急演练，强化从业人员安全意识。依法为职工缴纳工伤保险，积极参加安全生产责任保险。

事故发生后，水利工程单位应当及时报告事故，组织安全救援工作，妥善处理事故后果，认真总结经验教训。水利工程单位要积极开展职工安全生产教育培训，提高职工安全素质。

水利工程单位要加强目标考核管理，把安全生产作为考核的重要内容，运用考核方法监督责任的全面落实；制定严格的奖惩策略，确保各部门切实履行安全生产职责，发挥合力。

3. 完善安全生产监督管理体系

严格落实各级部门的监管责任。在水利工程运行中，各级部门的主要负责人是本区域安全生产工作第一责任人，对安全生产工作负总责；分管负责人和其他负责人对分管范围内的安全生产负责。

水利部门的安全生产工作实际上是一项"一把手"工程，各部门、各单位负责人必须对本地区、本部门的安全生产工作负总责，坚决落实"一岗双责"制度。落实生产经营单位安全生产主体责任，各级领导签订安全生产责任书和承诺书。加强安全监管工作，建立安全生产专项资金，用于安全生产投资，定期组织开展安全生产大检查，隐患整改落实到位，消除事故隐患，降低事故发生率。

4. 加强安全生产基础设施建设

水利工程单位应当重视和加强安全生产基础工作，不断完善安全生产基础设施建设，确保消防安全生产设施、职业病危害警示标志的建设。加强对水利防护设备和原材料的检查和质量控制，确保防护的有效性。

水利工程单位应当积极采用安全性能可靠的新技术、新工艺、新设备、新材料，不断改善安全生产条件。水利工程单位要加强设备管理，定期对设备进行检查、维修、保养，现场排查隐患，严禁使用有安全隐患的设备，严禁设备"带病运行"。

5. 建立隐患排查治理长效机制

水利工程单位应当建立从主要负责人到各岗位员工的安全生产责任制，落实隐患排查治理和防控的具体责任。

水利工程单位必须落实安全监管工作，有效使用安全整改资金；按照有关规定，定期开展事故隐患排查治理工作，确保事故隐患排查工作常态化；对识别出的事故隐患认真登记归档，完善事故隐患信息档案；有效开展重要场所和关键设备的安全监督和动态监测。如果发现隐患和异常现象，必须立即解决，消除隐患，确保安全。

6. 加强安全事故应急管理能力

水利工程单位应当根据安全生产事故应急预案，建立健全水利行业各项安全生产应急预案。根据国家标准《生产经营单位安全生产事故应急预案编制导则》

（GB/T 29639—2020），水利工程单位应当建立健全包括企业单位、基层部门、重点工作岗位在内的完整应急预案体系，协调地方政府和各部门的应急预案，避免冲突。

加强安全生产事故应急预案演练，不断丰富和完善应急预案内容，提高应急预案的科学性、专业性、有效性和可操作性。同时，各企业应及时总结计划实施过程中存在的问题，并完善预案。

二、水利工程安全生产信息化建设

（一）水利工程安全生产信息化建设目的

1. 提高安全生产管理水平

应用安全生产管理信息系统，各级领导和管理人员依据电子流程进行数据传递和审批，既为管理者履行安全生产职责保留了记录，又消除了人为因素的影响，从根本上保证了各项规章制度和流程得到有效落实。通过信息化系统，可以实现各级安全管理信息互联、传递和共享，便于各项业务表单和数据的上传、统计，减少安全生产管理人员用于数据统计、分析的时间和精力，提高了安全生产管理的效率和水平。

2. 运用大数据开展安全管理决策

实施安全生产信息化建设，可及时采集、存储各类安全生产管理数据，形成安全管理的大数据，并通过多维度分析，以趋势图、饼状图、条形图、雷达图等展示各项指标，可直观易懂地看出所需要的安全管理数据，分析安全管理是否异常及存在的问题，并对存在的安全风险提出预警，方便管理层快速做出安全管理决策。

（二）水利工程安全生产信息化建设策略

1. 信息化要重视过程和"生命力"

信息化虽为企业管理创新提供了支持，但是信息化的建设是有一个过程的，不能一蹴而就。同时，需要重视管理创新与变化对信息化的影响，重视信息化的"生命力"。

2. 信息化是一个项目建设的过程

管理信息化更像一个项目，需要结合企业管理现状进行设计工作；需要搭建服务器网络、制定信息化制度、进行编码规范等基础工作；需要对集团、分（子）

公司、项目部进行功能建模，搭建信息化应用框架；需要进行流程设计、表单设计、报表设计等类似"水电安装、初装修、精装修"等。

3. 信息化的应用是为管理服务的

信息化的应用不是来束缚管理的，需要充分考虑信息化管理的范围，考虑信息化投入与产出的关系，找到"想不想管"和"有没有必要管"的平衡点。信息化要做到"能用""易用""想用"，才能有生命力。只有用起来，信息化才能"活下来"。

信息化"活下来"以后，一方面伴随企业的管理创新实践要不断进行改进，另一方面信息化也在促进企业管理创新，企业势必会在业务管理流程、审批流程、管理表单、管理报表、管控的深度和频次等方面进行变化。这里就存在一个信息化实施与运维的重点，即"信息化的循环系统"。

只有解决了信息化生命力的问题，信息化才可能为企业管理标准化、管理创新服务，并且最终产出信息化应用的价值。

参 考 文 献

[1] 顾慰慈，张桂芹 . 工程建设质量控制 [M]. 北京：水利电力出版社，1993.

[2] 张检身 . 工程质量管理指南：强化质量预控 消除劣质工程 [M]. 北京：中国
计划出版社，2001.

[3] 贡力，孙文 . 水利工程概论 [M]. 北京：中国铁道出版社，2012.

[4] 朱显鸽 . 水利工程施工与建筑材料 [M]. 北京：中国水利水电出版社，2017.

[5] 高喜永，段玉洁，于勉 . 水利工程施工技术与管理 [M]. 长春：吉林科学技术
出版社，2019.

[6] 史庆军，唐强，冯思远 . 水利工程施工技术与管理 [M]. 北京：现代出版社，
2019.

[7] 谢文鹏，苗兴皓，姜旭民，等 . 水利工程施工新技术 [M]. 北京：中国建材工
业出版社，2020.

[8] 程令章，唐成方，杨林 . 水利水电工程规划及质量控制研究 [M]. 北京：文化
发展出版社，2020.

[9] 陈至立 . 辞海 [M].7 版 . 上海：上海辞书出版社，2020.

[10] 谢金忠，郑星，刘桂莲 . 水利工程施工与水环境监督治理 [M]. 汕头：汕头
大学出版社，2021.

[11] 廖昌果 . 水利工程建设与施工优化 [M]. 长春：吉林科学技术出版社，2021.

[12] 赵静，盖海英，杨琳 . 水利工程施工与生态环境 [M]. 长春：吉林科学技术
出版社，2021.

[13] 曹刚，刘应雷，刘斌 . 现代水利工程施工与管理研究 [M]. 长春：吉林科学
技术出版社，2021.

[14] 宋秋英，李永敏，胡玉海 . 水文与水利工程规划建设及运行管理研究 [M].
长春：吉林科学技术出版社，2021.

[15] 常宏伟，王德利，袁云 . 水利工程管理现代化及发展战略 [M]. 长春：吉林

科学技术出版社，2022.

[16] 褚峰，刘罡，傅正 . 水文与水利工程运行管理研究 [M]. 长春：吉林科学技术出版社，2021.

[17] 张晓涛，高国芳，陈道宇 . 水利工程与施工管理应用实践 [M]. 长春：吉林科学技术出版社，2022.

[18] 潘晓坤，宋辉，于鹏坤 . 水利工程管理与水资源建设 [M]. 长春：吉林人民出版社，2022.

[19] 宋明昌 . 我国高强混凝土的技术现状和展望 [J]. 混凝土，1994（3）：25–27.

[20] 水利工程质量事故处理暂行规定 [J]. 水利技术监督，1999（4）：1–3.

[21] 徐广福 . 脱模剂的选择与应用 [J]. 建筑工人，1998（6）：35–37.

[22] 建设部建筑管理司 . 建设工程质量监督机构监督工作指南 [J]. 工程质量，2001（3）：8–10.

[23] 王万鹏 . 如何进行水利工程的质量评定 [J]. 北京水利，2002（5）：26–27.

[24] 王金晶，刘志奇，李彦军 . 新型轻骨料混凝土特性及发展 [J]. 混凝土，2006（12）：65–66.

[25] 周志超 . 探讨建筑施工的安全与质量管理 [J]. 建材与装饰，2011（10）：18–19.

[26] 蔡雯，冯志全 . 沥青防水材料评述 [J]. 民营科技，2012（6）：300.

[27] 国家安全生产应急救援指挥中心信息管理部 . 探索规律 完善流程 创新制度：《生产经营单位生产安全事故应急预案编制导则》解读 [J]. 劳动保护，2013（12）：100–101.

[28] 金红丽 . 浅谈单位水利工程质量事故处理细则 [J]. 黑龙江科技信息，2014（23）：174.

[29] 刘伟 . 水利渠道及渠系施工管理分析 [J]. 科技展望，2015，25（20）：110.

[30] 梁舒 . 抽样检验在质量检验中的应用 [J]. 科技展望，2016，26（13）：302.

[31] 吴光铭 . 破窗理论与蝴蝶效应 [J]. 住宅与房地产，2017（7）：21–23.

[32] 卢勇胜 . 水利工程中钢筋混凝土施工技术探究 [J]. 建材与装饰，2018（36）：279–280.

[33] 杨同庆，张磊 . 水利工程施工现场安全事故防治措施 [J]. 建材与装饰，2018（3）：285.